计 算 机 科 学 丛 书

逻辑编程导论

[美] 迈克尔·吉内塞雷斯（**Michael Genesereth**）
维奈·K. 乔杜里（**Vinay K. Chaudhri**）　著

徐坚 甘健侯 孟祥栋 刘付依萍 欧

Introduction to Logic Programming

机械工业出版社
China Machine Press

图书在版编目（CIP）数据

逻辑编程导论 /（美）迈克尔·吉内塞雷斯（Michael Genesereth），（美）维奈·K. 乔杜里（Vinay K. Chaudhri）著；徐坚等译 .-- 北京：机械工业出版社，2021.10
（计算机科学丛书）
书名原文：Introduction to Logic Programming
ISBN 978-7-111-69181-5

I. ①逻⋯　II. ①迈⋯ ②维⋯ ③徐⋯　III. ①逻辑控制 - 程序设计　IV. ① TP273

中国版本图书馆 CIP 数据核字（2021）第 191611 号

本书版权登记号：图字　01-2020-6461

本书向读者介绍了传统逻辑编程的基本原理，阐明了使用该技术为复杂系统创建可运行规范的益处。书中集合了作者 30 多年来在学术和商业环境中的研究、应用和教学的成果。本书采用"模型 - 理论"的方法阐述语义，而不是传统的"证据 - 理论"方法，并同时关注数据集的改变与逻辑代理的状态。多数章节之后附有习题，引领读者由易到难、由浅入深地通过练习和实践的方式掌握逻辑编程方法。本书适合计算机专业的本科生、低年级研究生以及对计算机感兴趣的中学生和开发者阅读。

出版发行：机械工业出版社（北京市西城区百万庄大街 22 号　邮政编码：100037）
责任编辑：王春华　刘　锋　　　　　　　　责任校对：殷　虹
印　　刷：北京市荣盛彩色印刷有限公司　　版　　次：2021 年 10 月第 1 版第 1 次印刷
开　　本：185mm×260mm　1/16　　　　　印　　张：12
书　　号：ISBN 978-7-111-69181-5　　　　定　　价：79.00 元

客服电话：(010) 88361066　88379833　68326294　　投稿热线：(010) 88379604
华章网站：www.hzbook.com　　　　　　　　　　　　读者信箱：hzjsj@hzbook.com

译 者 序

复杂性科学被誉为 21 世纪的科学，与传统的还原论方法不同，复杂系统理论强调用整体论和还原论相结合的方法去分析系统。复杂性科学研究的逻辑起点是复杂系统，如生命系统、社会系统等。目前，复杂系统的研究还处于萌芽阶段，但它孕育着巨大的潜力。然而，传统的编程语言和表示语言在面对复杂系统的构建任务时却无能为力。为此，逻辑编程应运而生。逻辑编程作为一种编程范式，主要基于形式逻辑。用逻辑编程语言编写的任何程序都是一组逻辑形式的句子，表达有关领域的事实和规则。主要的逻辑编程语言包括 Prolog、ASP（Answer Set Programming）和 Datalog。在这些语言中，规则都是以子句的形式编写的。

本书从逻辑编程的视角，阐释了如何使用逻辑编程来创建复杂系统。作者将数据集作为一个基本概念，并同时关注更新情况与数据集，以对行动和变化进行合理的处理。

本书的结构合理，概念清晰，章节后面的习题由作者精心设计，其难度逐步递增。本书可作为逻辑编程的入门教材。本书的翻译工作得到了云南师范大学"教育技术学"二级学科博士点、云南省智慧教育重点实验室、云南省操晓春专家工作站、云南省高校教育大数据应用技术科技创新团队的支持，得到了"民族教育信息化教育部重点实验室 2020 年度开放基金项目""云南师范大学 2020 年度研究生科研创新基金项目"的资助，得到了同行、老师、学生和朋友的帮助和鼓励，在此对他们表示诚挚的谢意。书中文字力求忠于原著，但由于译者水平有限，时间仓促，译文中难免有疏漏之处，敬请读者批评指正。

译者

2020 年 12 月于昆明

前　言

本书是关于逻辑编程的入门教科书，它主要适用于本科生，但也适合中学生和低年级研究生阅读。

本书假设学生已经理解集合和集合运算，比如并集、交集等。本书还假设学生熟悉符号运算，掌握高中代数或有更高水平。

如果读者有运用计算思维的经验，会对阅读本书有帮助，但这并不是阅读本书的必备条件。另外，编程经验也不是必需的。实际上，我们已经观察到，一些具有编程背景的学生刚开始阅读这本书的时候比没有编程经验的学生要困难得多。为了欣赏逻辑编程的力量和美感，他们似乎需要忘掉一些以前学过的知识。

本书采用的逻辑编程方法来自 30 多年来我们在学术和商业环境中的研究、应用和教学。这些经历很宝贵，使得本书在以下两个方面不同于其他书籍。

第一，本书采用"模型 – 理论"的方法来阐述语义，而不用传统的"证据 – 理论"方法。从数据集的基本概念（即基本原子集）开始，我们引入了视图定义的经典逻辑程序，这种程序使用传统的 Prolog 表示法编写，但根据数据集而不是实现给出语义。我们也会在稍后的演示中讨论实现。

第二，我们同时关注数据集的改变与逻辑代理的状态。在讨论了数据集之后，我们引入了"更新"的基本概念，即"添加"和"删除"基本原子。根据这个基本概念，我们引入动态逻辑程序作为动作定义集，其中动作被概念化为同步更新集。这个扩展允许我们讨论逻辑代理以及静态逻辑程序。（逻辑代理实际上是一个状态机，其中每个状态被建模为数据集，每条弧被建模为一组更新。）

本书有印刷版和在线版，还通过教学网站提供能自动评分的在线练习、编程作业、逻辑编程工具和各种示例程序。该网站免费开放，网址为 http://logicprogramming.stanford.edu。

最后，我们要感谢对本书的编写工作产生深远影响的两个人：Jeff Ullman 和 Bob Kowalski。Jeff Ullman 是我们在斯坦福大学的同事，他编写的广受欢迎的教材启发了我们，并帮助我们认识到逻辑编程和数据库之间的深层关系。Bob Kowalski 是逻辑编程的共同发明者，他倾听了我们的想法，为我们的工作提供帮助，甚至就本书的某些章节与我们进行了合作。

我们还想感谢 Abhijeet Mohapatra。他是动态逻辑编程的共同发明者，也是本书中许多逻辑编程工具的共同创造者。他是这门课程的助教，为本书内容的呈现和组织提供了宝贵的建议。

最后，我们要感谢那些不得不忍受本书早期版本的学生们，在许多情况下，他们通过经历并不总是成功的实验来帮助我们找到正确的方法。尽管犯了很多错误，他们似乎还是学会了书中的内容，他们很聪明。他们的耐心和建设性的意见对于帮助我们理解哪些东西是可取的尤为宝贵。

Michael Genesereth 和 Vinay K. Chaudhri

2019 年 12 月

目　录
Introduction to Logic Programming

第五部分　结论

逻辑编程的介绍

概　　述

1.1　逻辑编程

逻辑编程是另一种风格的编程，其程序采用符号逻辑语言形式的语句集。用这种风格编写的程序称为逻辑程序。编写这些程序的语言叫作逻辑编程语言。管理逻辑程序的创建和执行的计算机系统称为逻辑编程系统。

1.2　逻辑程序作为可运行规范

逻辑编程通常被认为是声明性的或描述性的，这与传统编程语言的命令式或规定式编程方法形成鲜明对比。

在命令式 / 规定式编程中，程序员根据内部处理细节（如数据类型和变量赋值）为系统提供详细的操作程序。在编写这样的程序时，程序员通常会考虑关于他们程序的预期应用领域和目标等信息，但是这些信息很少被记录在结果程序中，除非以不可执行的注释的形式出现。

在声明性 / 描述性编程中，程序员显式地编码关于应用程序领域和程序目标的信息，但是他们不指定内部处理细节，而让执行这些程序的系统自己决定这些细节。

下面这个示例给出了命令式程序和声明性程序的区别：考虑一下对机器人从建筑物的一个点导航到另一个点的任务进行编程。一个典型的命令式程序会指示机器人向前移动一定的距离（或者直到它的传感器指示出一个合适的路标）；然后它会告诉机器人转身并再次向前移动；以此类推，直到机器人到达目的地。相比之下，一个典型的声明性程序将包括一张地图、地图上的起点和终点，并将其留给机器人，让它来决定如何前进。

逻辑程序是一种声明性程序，它描述了程序的应用领域和程序员想要达到的目标。它关注的是什么是真实的，什么是需要的，而不是如何实现期望的目标。在这方面，一个逻辑程序更像是一个规范而不是一个实现。

逻辑编程之所以实用，是因为有众所周知的机械技术可以执行逻辑程序和生成可实现相同结果的传统程序，因此有时将逻辑程序称为可运行规范。

1.3 逻辑编程的优点

与传统程序相比，逻辑程序通常更易于创建和修改。程序员几乎不用了解执行这些程序的系统的功能和局限性，且无须选择实现程序目标的特定方法。

逻辑程序比传统程序更易于组合。在编写逻辑程序时，程序员不需要做出随意的选择。因此，与传统程序相比，逻辑程序可以更容易地组合在一起，因为在传统程序中不必要的随意选择可能会产生冲突。

逻辑程序也比传统程序更灵活。一个执行逻辑程序的系统可以很容易地适应它的假设和目标的意外变化。再次思考上一节描述的机器人。如果一个运行逻辑程序的机器人知道一条走廊关闭了，它可以选择另一条走廊。如果机器人被要求在路上拾取和运送一些货物，它可以结合路线来完成这两项任务，无须单独完成它们。

最后，逻辑程序比传统程序更加通用。它们可以用于多种目的而不需要修改。假设我们有一个父母和子女的表格。现在，假设我们有标准亲属关系的定义。例如，我们被告知祖父母就是父母的父母。这个单一的定义可以作为多个传统程序的基础：（1）我们可以用它来构建一个程序来计算一个人是否是另一个人的祖父母；（2）我们可以用这个定义编写一个程序来计算某人的祖父母是谁；（3）我们可以用它来计算某人的孙辈都有谁；（4）我们可以用它来计算一个关于祖父母和其孙辈的表格。在传统编程中，我们会为每个任务编写不同的程序，祖父母的定义不会在这些程序中显式编码。在逻辑编程中，定义可以只写一次，这个定义可以用来完成以上四个任务。

再看另一个示例（由 John McCarthy 提供）——考虑这样一个事实，如果两个物体碰撞，它们通常会产生噪音。这个事实可以用来设计各种程序：（1）如果想唤醒其他人，我们可以使两个物体碰撞；（2）如果不想吵醒别人，我们就要小心，不要让东西碰撞；（3）如果看到两辆车在远处靠近，并听到"砰"的一声，我们可以知道它们相撞了；（4）如果看到两辆车靠得很近，但没有听到任何声音，我们可能会猜测它们没有碰撞。

1.4 逻辑编程的应用

逻辑编程可以在几乎所有的应用领域中得到有效的应用。然而，它在具有大量定义、约束和行为规则的应用领域具有特殊价值，尤其是那些定义、约束和规则有多个来源或经常变化的应用领域。以下是在实践中被证明逻辑编程特别有用的几个应用领域。

数据库系统。通过将数据库表概念化为一组简单的语句，可以使用逻辑来支持数据库系统。例如，逻辑语言可以通过显式存储的表来定义数据的虚拟视图；它可以用来编码数据库上的约束、指定访问控制策略，以及编写更新规则。

逻辑电子表格 / 工作表。逻辑电子表格（有时称为工作表）将传统电子表格概括为包括逻辑约束和传统算术公式。这种约束的示例比比皆是。例如，在调度应用程序中，我们可能有时间限制或谁可以预订哪个房间的限制；在进行与旅行相关的预订的时候，我们可能对成人和婴儿有限制；在学术课程表中，我们可能会限制学生必须修多少门不同类型的课程。

数据整合。逻辑语言可以用来将不同词汇表中的概念联系起来，从而允许用户以一种集成的方式访问多个异构数据源，这会使每个用户产生一种错觉，即只有一个数据库编码在他自己的词汇表中。

企业管理。逻辑编程在表达和实现各种业务规则方面有着特殊的价值。内部业务规则包括企业策略（例如费用审批）和工作流（谁做什么，什么时候做）。外部业务规则包括与其他企业的合同细节、公司产品的配置和定价规则等。

计算法律学。计算法律学是法律信息学的一个分支，它以可计算的形式表示规则和法规，以可计算的形式编码法律，使自动化法律分析和技术创造成为可能，使公民、监督者、执法者以及法律专业人员能够获得这种分析。

通用博弈。通用博弈的博弈者是能够在运行时接受任意游戏描述的系统，能够在没有人为干预的情况下使用这些描述有效地玩这些游戏。换句话说，直到游戏开始，他们才知道游戏规则。逻辑编程在通用博弈中作为形式化游戏描述的首选方式被广泛使用。

1.5 基本逻辑编程

多年来，人们探索了各种逻辑编程，如基本逻辑编程、经典逻辑编程、事务逻辑编程、约束逻辑编程、析取逻辑编程、答案集编程、归纳逻辑编程等。对于这些不同类型的逻辑编程，人们开发了各种各样的逻辑编程语言，如 Datalog、Prolog、Epilog、Golog、Progol、LPS 等。本书集中讨论了基本逻辑编程，它是一种事务逻辑编程的变体。我们使用 Epilog 来写示例。

在基本逻辑编程中，我们将应用程序的状态建模为一组简单事实（称为数据集），并编写规则来定义数据集中事实的抽象视图。我们将状态更改建模为数据集的基本更新，即事实的"添加"和"删除"的集合，并且编写不同类型的规则，以根据基本更新定义复合动作。

Epilog（我们在本书中使用的语言）与 Datalog 和 Prolog 密切相关。它们的语法几乎完全相同。这三种语言有以下关系：Datalog 是 Prolog 的子集，Prolog 是 Epilog 的子集。简单起见，我们在整个课程中使用 Epilog 的语法，并且讨论 Epilog 的解释器和编译器。因此，当在下面的内容中提到 Datalog 时，指的是 Epilog 的 Datalog 子集；当提到 Prolog 时，指的是 Epilog 的 Prolog 子集。

正如我们将看到的，这三种语言（Datalog、Prolog 和 Epilog）的表达性都不如与更复杂形式的逻辑编程相关联的语言（如析取逻辑编程和回答集编程）。虽然这些限制约束了我们使用这些语言，但是由此产生的程序在计算上表现得更好，而且在大多数情况下，比用表达性更强的语言编写的程序更实用。此外，由于这些限制，Datalog、Prolog 和 Epilog 很容易理解。因此，作为更复杂的逻辑编程语言的导论，它们具有教学价值。

为了与我们对基本逻辑编程的强调保持一致，本书分为五个部分。第一部分给出逻辑编程和基本逻辑编程的概述，并引入了数据集。第二部分讨论查询和更新。第三部分讨论视图定义。第四部分集中讨论操作定义。第五部分讨论逻辑编程的其他形式。

1.6　历史笔记

在 20 世纪 50 年代中期，计算机科学家开始专注于高级编程语言的开发。约翰·麦卡锡建议将符号逻辑语言作为候选语言，并阐述了声明式编程的理想，这是他在此工作中的贡献。他在 1958 年发表的一篇开创性论文中阐述了这些观点，该论文描述了一种他称之为"建议接受者"的体系：

"我们期望咨询者拥有的主要优势是，仅通过向其声明，就可以知道他们的环境以及所需要的内容，就可以改善其行为。要做出这些陈述，仅需要很少（如果有的话）对项目的了解，也不需要咨询者以前的知识。"

声明式编程的想法激发了后来研究人员的想象力，尤其是逻辑编程之父 Bob Kowalski 和知识工程的发明者 Ed Feigenbaum。在于 1974 年发表的一篇论文中，Feigenbaum 有力地重申了麦卡锡的理想：

"人们使用计算机完成任务的潜在可能性可以'一维化'为一个频谱，代表计算机完成工作时必须得到的指令的本质。我们称之为' what-to-how '的频谱。一方面，用户提供他的智慧来指示机器如何一步一步精确地完成工作。另一方面，用户却遇到了真正要解决的问题。他渴望有效地传达他想要做的事情，而不需要详细列出所有必要的子目标以获得足够的性能。"

逻辑编程的发展可以追溯到人工智能社区中关于知识的声明性表示和程序性表示的争论。

在 Marvin Minsky 和 Seymour Papert 的领导下，程序性表示的提倡者主要集中在 MIT。虽然它是基于逻辑的证明方法，但是 MIT 开发的 Planner 是在程序范式中出现的第一种语言。Planner 的特点是从目标（例如目标减少或后向链接）和断言（例如前向链接）调用过程计划的模式导向。其最有影响力的实现是 Planner 的子集，叫作 Micro-Planner，由 Gerry Sussman、Eugene Charniak 和 Terry Winograd 实现。它被用来实现 Winograd 的自然语言理解程序 SHRDLU，这在当时是一个里程碑。

声明性表示的支持者主要集中在斯坦福大学（与 John McCarthy、Bertram Raphael 和 Cordell Green 有关）和爱丁堡大学（与 John Alan Robinson、Pat Hayes 和 Robert Kowalski 有关）。Hayes 和 Kowalski 试图调和基于逻辑的知识表示的陈述性方法和 Planner 的程序性方法。1973 年，Hayes 开发了一种等式编程语言 Golux，其中通过改变定理证明者的行为可以获得不同的过程。另外，Kowalski 开发了 SLD 分辨率，这是一种 SL－分辨率的变体，并展示了它如何将蕴含被视为目标简化的程序。Kowalski 与马赛的 Colmerauer 合作，后者在 1972 年夏天和秋天于 Prolog 的设计中提出了这些想法。第一个 Prolog 程序也写于 1972 年，在马赛实施，是一个法语的问答系统。David Warren 于 1977 年在爱丁堡大学开发了一个编译器，这极大地推动了 Prolog 作为一种实用程序编程语言的使用。

数　据　集

2.1　引言

数据集是关于世界某些方面的事实的集合，正如我们将在接下来的章节中看到的那样，它可以用来编码信息，也可以与逻辑程序结合使用，形成更复杂的信息系统。

本章先讨论了世界的概念。然后引入一种正式的语言，用于以数据集的形式对我们的概念化信息进行编码，我们将提供一些用这种语言编码的数据集的示例。最后，我们将讨论重新概念化一个应用领域，以及将这些不同的概念化编码为具有不同词汇表的数据集所涉及的问题。

2.2　概念化

我们通常根据对象和对象之间的关系来思考这个世界。"对象"包括人、办公室和建筑物之类的东西。"关系"包括父母关系、朋友关系、办公室的任务分派关系、办公位置关系等。

表达这些信息的一种方式是用图表的形式。如图 2-1 所示的示例，图中的节点表示对象，箭头表示这些对象之间的关系。

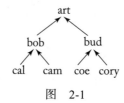

图　2-1

或者，我们可以用表格的形式来表示这些信息。例如，我们可以将图 2-1 中的信息编码为如图 2-2 所示的表格。

parent	
art	bob
art	bea
bob	cal
bob	cam
bea	coe
bea	cory

图　2-2

另一种方式是将个人关系编码为正式语言中的语句。例如，我们可以按下面的方式来表示我们的亲属关系。在这里，每个事实都以一个语句的形式出现，每个语句包括关系的名称和相关实体的名称。

```
parent(art,bob)
parent(art,bea)
parent(bob,cal)
parent(bob,cam)
parent(bea,coe)
parent(bea,cory)
```

虽然图表直观、很吸引人，但是语句表示对达成我们的目标更有用。因此，下面我们用语句来表示事实，我们用不同的语句集来表示世界的不同状态。

2.3　数据集的定义

数据集是描述应用程序区域状态的简单事实的集合。数据集中的事实被认为是真；数据集中没有包含的事实被认为是假。不同的数据集表征不同的状态。

常量是由小写字母、数字、下划线、句号或由双引号括起来的任意 ASCII 字符串组成的字符串。出于下一章所述的原因，我们禁止字符串包含大写字母，双引号内除外。常量的示例包括 a、b、comp225、123、3.14159、barack_obama 和 "Mind your p's and q's!"，不是常量的示例包括 Art、p&q、the-house-that-jack-built，因为第一个包含一个大写字母，第二个包含符号 "&"，第三个包含连字符。词汇表（vocabulary）是一个常量的集合。

接下来，我们区分了三种类型的常量：符号（Symbol）表示世界上的对象；构造函数（Constructor）用于为对象创建复合名称；谓词（Predicate）表示对象之间的关系。

每个构造函数和谓词都有一个关联的属性（arity），即在任何涉及构造函数或谓词的表达式中允许的参数数量。一元构造函数和谓词接受一个参数；二元构造函数和谓词接受两个参数；三元构造函数和谓词接受三个参数。除此之外，我们经常说构造函数和谓词是 n 元的。注意，有可能有一个没有参数的谓词，它表示一个真或假的条件。

基本术语可以是符号，也可以是复合名称。复合名称是由 n 元构造函数和 n 个基本术语组成的表达式，该基本术语用括号括起来并用逗号分隔。如果 a 和 b 是符号，pair 是二元构造函数，那么 pair(a,a)、pair(a,b)、pair(b,a) 和 pair(b,b) 是复合名称。这里的形容词"基本"（ground）意味着这个术语不包含任何变量（我们将在下一章讨论）。

词汇的海尔勃朗全域（Herbrand universe）是由词汇中的符号和构造函数构成的所有基本术语的集合。对于一个没有构造函数的有限词汇表，海尔勃朗全域是有限的（即只有符号）。对于具有构造函数的有限词汇表来说，海尔勃朗全域是无限的（即符号和所有可以由这些符号组成的复合名称）。上一段描述的词汇的海尔勃朗全域如下所示。

```
{pair(a,b), pair(a,pair(b,c)), pair(a,pair(b,pair(c,d))), …}
```

一个数据 / 仿真事实 / 事实（datum/factoid/fact）是一个由 n 元谓词和 n 个基本术语组成的表达式，这些术语被括在括号中并用逗号分隔。例如，如果 r 是一个二元谓词，a 和 b 是符号，那么 r(a,b) 是一条数据。

词汇表的"海尔勃朗基"（Herbrand base）是由词汇表中的常量构成的所有仿真事实的集合。例如，对于只有两个符号 a 和 b 以及单个二元谓词 r 的词汇表，该语言的海尔勃朗基如下所示。

```
{r(a,a), r(a,b), r(b,a), r(b,b)}
```

最后，我们将数据集定义为海尔勃朗基的任意子集，即可以从数据库的词汇表中形成的任意事实集。直观地讲，我们可以认为数据集中的数据是我们相信为真的事实；不在数据集中的数据被认为是假。

2.4 示例——女生联谊会

考虑一下小型联谊会的人际关系。只有四个成员——Abby、Bess、Cody 和 Dana。有些女孩喜欢彼此，但有些不喜欢。

图 2-3 显示了一组可能性。第一行的选中标记表示 Abby 喜欢 Cody，而没有标记则表示 Abby 不喜欢其他女孩（包括她自己）。Bess 也喜欢 Cody。Cody 喜欢所有人，除了她自己。Dana 也喜欢受欢迎的 Cody。

	Abby	Bess	Cody	Dana
Abby			✓	
Bess			✓	
Cody	✓	✓		✓
Dana			✓	

图 2-3 女生联谊会的一个状态

为了将这些信息编码为数据集，我们采用了一个包含四个符号（abby、bess、cody、dana）和一个二元谓词（likes）的词汇表。使用这个词汇表，我们可以通过编写下面的数据集来对图 2-3 中的信息进行编码。

```
likes(abby,cody)
likes(bess,cody)
likes(cody,abby)
likes(cody,bess)
likes(cody,dana)
likes(dana,cody)
```

注意，"likes 关系"没有固定的限制。一个人可能喜欢第二个人，而第二个人不喜欢第一个人。一个人可能只喜欢一个人，也可能喜欢很多人，或者不喜欢任何人。有可能每个人都喜欢每一个人，或者她们都不喜欢任何人。

即使是像上面这样的小世界也有很多种可能的方式。给定 4 个女孩，有 16 种可能的喜欢关系——likes(abby,abby)，likes(abby,bess)，likes(abby,cody)，likes(abby,dana)，likes(bess,abby) 等。这 16 种情况中的每一种都可能是对的或者是错的，这些真假可能性有 2^{16} 种（即 65 536 种）可能的组合，因此这个世界有

2^{16} 种可能的状态，因此有 2^{16} 种可能的数据集。

2.5　示例——亲属关系

再举一个示例，考虑一个亲属关系的小型数据集。这个示例中的术语再一次代表了人。谓词命名这些人的属性以及他们之间的关系。

在我们的示例中，我们使用二元谓词 parent 来指定一个人是另一个人的父母。下面的语句构成了描述 parent 关系的 6 个实例的数据集。art 是 bob 和 bea 的父亲，bob 是 cal 和 cam 的父亲，bea 是 coe 和 cory 的母亲。

```
parent(art,bob)
parent(art,bea)
parent(bob,cal)
parent(bob,cam)
parent(bea,coe)
parent(bea,cory)
```

adult 关系是一元关系，也就是一个人的简单属性，而不是与其他人的关系。在下面的数据集中，除了 Art 的孙子，每个人都是成年人。

```
adult(art)
adult(bob)
adult(bea)
```

我们可以用两个一元谓词 male 和 female 来表示性别。下面的数据表示我们数据集中所有人的性别。注意，原则上我们只需要其中的一种关系，因为一种性别是另一种性别的补充。然而，表示两种性别使我们可以有效地列举两种性别的实例，这在某些应用中是有用的。

```
male(art)         female(bea)
male(bob)         female(coe)
male(cal)         female(cory)
male(cam)
```

作为一个三元关系的示例，考虑下面所示的数据。在这里，我们使用 prefers 来表示相比第三个人，第一个人更喜欢第二个人这一事实。例如，相比 bob，art 更喜欢 bea；第二句是说相比 cam，bob 更喜欢 cal。

```
prefers(art,bea,bob)
prefers(bob,cal,cam)
```

注意，这些语句中的参数顺序是任意的。根据我们示例中 prefers 关系的含义，第一个参数表示主体，第二个参数表示被偏爱的人，第三个参数表示不被偏爱的人。我们同样可以用其他顺序来解释这些论点。重要的是一致性——一旦我们选择用一种方式来解释论点，我们就必须在任何地方都坚持这种解释。

女生联谊会和亲属关系之间一个值得注意的区别是前者只有一个关系（即likes 关系），而后者有多个关系（3 个一元谓词、1 个二元谓词和 1 个三元谓词）。

一个更为微妙和有趣的区别是，亲属关系在各种方式上受到约束，而女生联谊会中的关系则没有。在女生联谊会里，任何人都有可能喜欢其他人；喜欢和不喜欢的所有组合都是可能的。相比之下，在亲属关系中，限制条件约束了可能状态的数量。例如，一个人不可能成为自己的父母，也不可能同时是男性和女性。

2.6   示例——积木世界

积木世界可较好地阐释人工智能领域的一些想法。一个典型的积木世界场景如图 2-4 所示。

图 2-4   积木世界的一种状态

大多数人在看图 2-4 的时候会把它理解为 5 个积木的布局。有些人把积木所在的桌子也概念化了，但是为了简单起见，我们在这里忽略它。

为了描述这个场景，我们采用了一个有 5 个符号（a,b,c,d,e）的词汇表，场景中的 5 个积木分别对应 5 个符号。这里的目的是让每一个符号都代表场景中用相应的大写字母标记的那个积木。

在积木世界的空间概念化中，有许多有意义的关系。例如，当且仅当一个积木位于另一个积木上时，讨论两个积木之间的关系才有意义。在接下来的内容中，我们使用谓词 on 来表示这种关系。两个积木之间具有 above 关系，当且仅当其中一个位于另一个之上的任何地方时，即第一个积木位于第二个积木上，或者第一个积木位于第二个积木上面的那个积木之上，依此类推。在接下来的内容中，我们用谓词 above 来讨论这个关系。叠（stack）这个关系包含三个积木，以一个叠加在另一个上面的形式构成。我们使用谓词 stack 作为这个关系的名称。我们使用谓词 clear 来表示当且仅当一个积木的顶部没有积木时，积木之间的关系。我们使用谓词 table 来表示当且仅当一个积木位于桌上时，积木之间的关系。

这些谓词的种类取决于其预期用途。由于 on 表示两个积木之间的关系，因此它的参数有 2 个。类似地，谓词 above 有 2 个参数，谓词 stack 有 3 个参数，谓词 clear 和谓词 table 均有 1 个参数。

有了这个词汇表，我们可以通过写一些语句来描述图 2-4 中的场景，该语句指出哪些关系包含哪些对象或对象组。让我们从 on 开始吧。下面的语句直接告诉我们每个基本关系句是真是假。

```
on(a,b)
on(b,c)
on(d,e)
```

有 4 个 above 事实。"above 关系"与"on 关系"包含相同的积木对，但它包括积木 a 和积木 c 的一个额外的事实。

```
above(a,b)
above(b,c)
above(a,c)
above(d,e)
```

以类似的方式，我们可以对 stack 关系和 above 关系进行编码。这里只有一个 stack——积木 a 在积木 b 上，积木 b 在积木 c 上。

```
stack(a,b,c)
```

最后，我们可以把 clear 和 table 的事实写出来。a 积木和 d 积木是清空的，而 c 积木和 e 积木是在桌子上的。

```
clear(a)          table(c)
clear(d)          table(e)
```

与亲属关系一样，积木世界中的关系受到各种制约。例如，一个积木不可能在它自己上面。此外，这些关系中的一部分完全是由他人决定的。例如，给定 on 关系，所有其他关系的事实都是完全确定的。在后面的章节中，我们将看到如何为这些概念写出定义，从而避免为这些已定义的概念写出单个事实。

2.7   示例——食物世界

作为这些概念的另一个示例，思考一个关于食物和菜单的小型数据集。这里的目标是创建一个数据集，列出餐馆在一周中不同日期里提供的食物。

在这种情况下，符号有两种类型——星期几（monday,···,friday）和不同类型的食物（calamari,vichyssoise,beef 等）。有三个构造函数——一个三元构造函数用于三道菜（three），一个四元构造函数用于四道菜（four），一个五元构造函数用于五道菜（five）。有一个单一的二元谓词 menu，关系到一周的天数和可用膳食。

下面是一个使用这个词汇表的数据集的示例。星期一，这家餐厅提供三道菜的饭菜，有鱿鱼、牛肉和脆饼，还有不同的三道菜的饭菜，有浓汤、牛肉和作为甜点的冰激凌。星期二，餐厅提供相同的三道菜和四道菜。星期三，餐厅只提供一餐——前一天的四道菜。星期四，餐厅提供五道菜。星期五，餐厅提供与前一天不同的五道菜。

```
menu(monday,three(calamari,beef,shortcake))
menu(monday,three(puree,beef,icecream))
menu(tuesday,three(puree,beef,icecream))
menu(tuesday,four(consomme,greek,lamb,baklava))
menu(wednesday,four(consomme,greek,lamb,baklava))
menu(thursday,five(vichyssoise,caesar,trout,chicken,tiramisu))
menu(friday,five(vichyssoise,green,trout,beef,souffle))
```

注意，虽然这里有构造函数，但数据集的大小是有限的。事实上，对于什么样的语句有意义有很强的限制。例如，只有代表一周中某天的符号会出现在菜单关系的第一个参数中。只有代表食物的符号在复合名称中作为参数出现。而且只有整餐才会出现在菜单关系的第二个参数中。还要注意的是，复合名称在这里没有嵌套。这种类型的限制在数据集中很常见。在本书的后面，我们将展示如何将这些约束形式化。

2.8   重组

无论我们用何种方式对世界进行概念化，重要的是要认识到还有其他概念化。此外，一个概念化中的对象、函数和关系与另一个概念化中的对象、函数和关系之间不需要有任何对应关系。

在某些情况下，改变一个人对世界的概念会使某些知识无法表达。这方面的一个著名的示例是物理学领域中关于光的波动观和光的粒子观之间的争论。每一个概念都允许物理学家解释光行为的不同方面，但都不足以单独解释。直到这两种观点在现代量子物理学中合并，这些差异才得以解决。

在其他情况下，改变一个人的概念化可能会使表达知识变得更加困难，而不必使表达知识变得不可能。物理学领域一个很好的示例就是改变一个人的参照系。根据亚里士多德对宇宙的地心说，天文学家很难解释月球和其他行星的运动。这些数据是用亚里士多德的概念来解释的，如本轮（epicycle）等，解释起来非常麻烦。但向日心说的转变很快产生了一个更清晰的理论。

这就提出了一个问题，是什么使一个概念比另一个概念更合适。目前，这个问题还没有全面的答案。然而，有几个问题尤其值得注意。

其中一个问题是与概念化相关的对象的粒度大小。选择太小的粒度会使知识形式化过于烦琐，选择太大的粒度又会导致不能形式化知识。

作为前一个问题的一个示例，考虑积木世界的一个概念化场景，在该论域中的对象是构成图中积木的原子。每一积木都由大量的原子组成，因此论域是极其巨大的。虽然从原则上讲，在这个细节层次上描述这个场景是可能的，但是如果我们只对由这些原子组成的积木的垂直关系感兴趣，那是毫无意义的。当然，对于一个对积木组成感兴趣的化学家来说，场景的原子视图可能更合适，而我们对积木的概念化过于宽泛。

不可区分性抽象是处理粒度大小的对象重构的一种形式。如果数据集中提到的几个对象满足所有相同的条件，在适当的情况下，就有可能将这些对象抽象为一个不区分个体身份的单一对象。这可以通过避免冗余计算来降低处理查询的成本，在冗余计算中唯一的区别是这些对象的身份。

重新概念化世界的另一种方法是将关系作为论域中的对象进行物化。这样做的好处在于，它允许我们考虑属性的属性。

作为一个示例，我们考虑一个积木世界的概念化，其中有 5 个积木，没有构造函数，有 3 个一元谓词，每个对应一种不同的颜色。这种概念化允许我们考虑积木的颜色，但不考虑这些颜色的属性。

为弥补这一缺陷，我们可将各种颜色关系具体化为对象，并通过添加一个关系来关联积木和颜色。因为颜色是论域中的对象，我们可以添加描述它们的关系，例如，温暖、凉爽等。

物化也有反面，即关系化。将关系化和物化相结合是从一种概念化转变为另一种概念化的常见方式。

请注意，在这个讨论中，我们没有注意到一个人对世界的概念化中的对象是否真的存在的问题。我们既没有采用现实主义的观点，即假定一个人的概念化的对象真的存在，也没有采用唯名论的观点，即认为一个人的概念没有必要的外在存在。概念化是我们的发明，它们的合理性仅仅基于它们的实用性。缺乏承诺就说明了逻辑编程的本质的本体论混杂性：对世界的任何概念化都可接受，我们寻求那些对我们有用的概念化。

2.9　习题

2.1　考虑上面介绍的女生联谊会。写出一个数据集，描述一个每个女孩都喜欢自己而不是别人的状态。

2.2　考虑另一个女生联谊会示例，在这个示例中，我们有一个单一的二元关系，称为 friend。friend 在两个方面不同于 like：它是非自反的，即一个女孩不能与自己成为朋友；它是对称的，即如果一个女孩是第二个女孩的朋友，那么第二个女孩就是第一个女孩的朋友。写一个数据集，描述一种满足friend 关系的非自反和对称性的状态，从而使六个 friend 事实成立。请注意，有多种方法可以做到这一点。

2.3　考虑另一个女生联谊会的示例，在这个示例中，我们有一个单一的二元关系，叫作 younger。younger 和 like 在三个方面有所不同：它是非自反的，即一个女孩不可能比她自己年轻；它是反对称的，即如果第一个女孩比第二个年轻，那么第二个就不比第一个年轻；它是可传递的，即如果第一个女孩比第二个年轻，第二个比第三个年轻，那么第一个比第三个年轻。写出一个数据集，描述满足年轻关系的自反性、反对称性和传递性的状态，从而使最大数量的年轻事实为真。请注意，有多种方法可以做到这一点。

2.4　一个人 x 是一个人 y 的兄弟姐妹，当且仅当 x 是 y 的兄弟或姐妹。写出与parent 事实相对应的 sibling 事实，parent 事实如下所示。

```
parent (art,bob)
parent (art,bob)
parent (art,bob)
parent (art,bob)
parent (art,bob)
parent (art,bob)
```

2.5 考虑图 2-5 中积木世界的状态。写出这种状态下所有为真的事实。

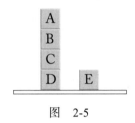

图　2-5

2.6 考虑一个有 n 个符号和一个二元谓词的世界。用这种语言可以写出多少不同的事实？

$$n, 2n, n^2, 2^n, n^n, 2^{n^2}, 2^{2^n}$$

2.7 考虑一个有 n 个符号和一个二元谓词的世界。这种语言可能有多少不同的数据集？

$$n, 2n, n^2, 2^n, n^n, 2^{n^2}, 2^{2^n}$$

2.8 考虑一个有 n 个符号和一个二元谓词的世界，并假设二进制关系是泛函的，即第一个位置上的每个符号恰好与第二个位置上的一个符号配对。有多少不同的数据集满足这个限制？

$$n, 2n, n^2, n^n, 2^n, 2^{n^2}, 2^{2^n}$$

查询的更新

查　询

3.1　引言

在第 2 章，我们了解了如何将应用程序区域的状态表示为数据集。如果一个数据集很大，那么基于该数据集很难回答问题。在本章，我们将介绍查询数据集的各种方法，以找到我们需要的信息。

最简单的查询形式是提一个真或假的问题。给定一个仿真事实和一个数据集，我们可能想知道仿真事实在该数据集中是否为真。例如，我们可能想知道 Art 是否是 Bob 的父亲。回答一个原子的真或假的问题，只需检查给定的仿真事实是否是数据集的成员即可。

一种更有趣的查询形式是填空问题。给定一个带有空格的仿真事实陈述，我们可能需要一些值，当用这些值代替空格时，使得查询为真。例如，我们可能想要查找 Art 的孩子、Bill 的父母或父母和孩子的对应组合。

还一个有趣的查询形式是复合问题的形式。我们可能需要一个布尔条件组合为真的值。例如，我们可能想知道 Art 到底是 Bob 的父亲还是 Bud 的父亲。或者我们想找到全部有儿子和没有女儿的人。

本章首先介绍数据集语言的扩展，这个扩展允许我们表达以上这些组合问题。在 3.2 节，将定义我们的语言的语法；在 3.3 节，我们定义它的语义。然后我们看一些使用这种语言查询数据集的示例。在前面的介绍之后，我们来看一个重要的语法限制，叫作安全性。最后，我们讨论了有用的预定义概念（例如算术运算符），这些概念可以提高查询语言的功能。

3.2   查询语法

查询语言包括了数据集的语言，但也提供了一些其他功能，使其更具表现力，即变量和查询规则。变量允许我们编写填空查询。查询规则允许我们表达复合查询，特别是否定（表示一个条件为假）、合取（表示多个条件都为真）和析取（表示几个条件中至少有一个为真）。

在我们的查询语言中，变量要么是单独的下划线，要么是字母、数字或以大写字母开头的带下划线的字符串。例如 _、X23、X_23 和 Somebody 都是合法的变量。

一个原子句或原子，类似于数据集中的一个仿真事实，除了包括参数，可能还包括变量和符号。例如，如果 p 是一个二元谓词，a 是一个符号，Y 是一个变量，那么 p(a,Y) 是一个原子句。

文字要么是一个原子，要么是一个原子的否定。一个简单的原子称为正文字。负原子称为负文字。在接下来的内容中，负文字用否定符号 ~ 表示。例如，如果 p(a,b) 是一个原子，那么 ~p(a,b) 表示这个原子的否定。两者都是文字。

查询规则是表达式，由一个可分辨的原子（称为头）和一个由零个或多个文字组成的集合（称为主体）组成。主体中的文字称为子目标。查询规则头部的谓词必须是一个新谓词（即不是数据集词汇表中的谓词），主体中的所有谓词必须是数据集谓词。

在下面的示例中，我们将编写如下所示的规则。在这里，goal(a,b) 是头；p(a,b)&~q(b) 是主体；p(a,b) 和 ~q(b) 是子目标。

```
goal(a,b) :- p(a,b) & ~q(b)
```

正如我们将在 3.3 节中看到的，一个查询规则有点像一个反向的蕴涵——它是一个声明，当子目标为真时，规则的头部（即总目标）为真。例如，上面的规则声明如果 p(a,b) 为真而 q(b) 不为真，则 goal(a,b) 为真。

通过使用变量，查询规则的表达能力得到了极大的提高。例如，考虑下面的规则。这是上面所示规则的一个更通用的版本。它不仅适用于特定的对象 a 和 b，而

且适用于所有的对象。在这种情况下，该规则声明"如果 p 对于 X 和 Y 为真，而 q
对于 Y 不为真，则 goal 对于任何对象 X 和对象 Y 都为真"。

```
goal(X,Y) :- p(X,Y) & ~q(Y)
```

一个查询是一个非空的、有限的查询规则集。通常，一个查询只包含一个规
则。事实上，大多数逻辑编程系统不支持多规则查询（至少不直接支持）。然而，
具有多个规则的查询有时是有用的，并且不会增加任何重大的复杂性。因此，在下
面的内容中，我们考虑了使用多个规则进行查询的可能性。

3.3　查询语义

表达式（原子、文字或规则）的实例是指所有变量都被基本术语（即没有变
量的术语）一致地替换。例如，如果我们有一种带有符号 a 和 b 的语言，那么
goal(X,Y):-p(X,Y)&~q(Y) 的实例如下所示：

```
goal(a,a) :- p(a,a) & ~q(a)
goal(a,b) :- p(a,b) & ~q(b)
goal(b,a) :- p(b,a) & ~q(a)
goal(b,b) :- p(b,b) & ~q(b)
```

根据这个概念，我们可以定义将单个规则应用于数据集的结果。给定一个规则
r 和一个数据集 Δ，我们定义 $v(r, \Delta)$ 为所有 ψ 集合，使得（1）ψ 是 r 的任意实例
的头部；（2）实例中的每个正子目标都是 Δ 的成员；（3）实例中没有负子目标是 Δ
的成员。

查询的扩展是根据程序中的规则可以"推导"的所有事实的集合，即它是我们
查询中每个 r_i 的 $v(r_i, \Delta)$ 的并集。

为了说明这些定义，考虑一个描述小型有向图的数据集。在下面的语句中，我
们用符号来表示图的节点，用关系 p 来表示图的弧线。

```
p(a,b)
p(b,c)
p(c,b)
```

现在假设我们得到了如下查询。在这里，谓词 goal 被定义为每个节点都有一
个到另一个节点的传出弧和从该节点传入的弧。

```
goal(X) :- p(X,Y) & p(Y,X)
```

因为这里有两个变量和三个符号，所以这个规则有九个实例，如下所示：

```
goal(a) :- p(a,a) & p(a,a)
goal(a) :- p(a,b) & p(b,a)
goal(a) :- p(a,c) & p(c,a)
goal(b) :- p(b,a) & p(a,b)
goal(b) :- p(b,b) & p(b,b)
goal(b) :- p(b,c) & p(c,b)
goal(c) :- p(c,a) & p(a,c)
goal(c) :- p(c,b) & p(b,c)
goal(c) :- p(c,c) & p(c,c)
```

第一个实例中的主体是不满足的。事实上，主体只在第六种和第八种情况下为真。因此，这个查询的扩展只包含下面所示的两个原子：

```
goal(b)
goal(c)
```

从规则实例的角度来定义语义是简单明了的。然而，逻辑编程系统通常不会以这种方式实现查询处理。有更有效的方法来计算这样的扩展。在接下来的章节中，我们将介绍这类算法。

3.4　安全性

一条查询规则是安全的，当且仅当出现在头部中的每个变量或出现在主体的任一负文字中的每个变量满足以下条件：这类变量至少在主体的某一正文字中出现一次。

下面这条规则是安全的。头部中的每个变量和负子目标的每个变量出现在主体的某一正子目标中。注意，对于主体来说，包含未出现在头部中的变量是可以的。

```
goal(X) :- p(X,Y,Z) & ~q(X,Z)
```

相比之下，下面显示的两个规则并不安全。第一个规则之所以不安全，是因为变量 Z 出现在头部，但没有出现在任何正子目标中。第二个规则也是不安全的，因为变量 Z 出现在负子目标中，但并未出现在任何正子目标中。

```
goal(X,Y,Z) :- p(X,Y)
goal(X,Y,X) :- p(X,Y) & ~q(Y,Z)
```

我们来看看第一条规则的安全性为何重要。假设我们有一个数据库，其中 p(a,b) 为真。那么，如果我们让 X 为 a，Y 为 b，那么第一条规则的主体就满足了。

在这种情况下，我们可以得出结论：头部的每个相应的实例都为真。但是我们应该用什么来代替 Z 呢？直观地说，我们可以把任何东西放在那里，但是会有很多种可能性。虽然这在概念上是可行的，但实际上是有问题的。

再来看看第二条规则的安全性为何重要。假设我们有一个只包含两个事实的数据库，即 p(a,b) 和 q(b,c)。在这种情况下，如果我们让 X 为 a，Y 为 b，Z 为 c 以外的任何值，那么这两个子目标都为真，我们可以得出结论 goal(a,b,a)。

这样做的主要问题在于，许多人错误地将否定理解为没有 Z 能使得 q(Y,Z) 为真，而正确的解读是，只要 Z 有一个值为假，则 q(Y,Z) 为假。正如我们将看到的，在不编写不安全的查询的情况下，有多种方法可以表达第二种含义。

3.5　预定义概念

在实际的逻辑编程语言中，预先定义有用的概念是很常见的，这些预定义概念通常包括算术函数（如 plus、times、max、min）、字符串函数（如连接）、等式和不等式、聚合（如 countofall）等。

在 Epilog 中，等式和不等式用 same 关系和 distinct 关系表示。当且仅当 σ 和 τ 相同时，语句 same(σ,τ) 为真。当且仅当 σ 和 τ 不相同时，语句 distinct(σ,τ) 为真。

evaluate 关系用来表示包含预定义函数的等式。例如，我们可以用 evaluate (plus(times(3,3),times(2,3),1),16) 来表示方程 $3^2+2\times3+1=16$。如果 height 是一个关于图形高度的二元谓词，width 是一个关于图形宽度的二元谓词，那么我们可以按以下方式来定义对象的面积。如果 X 的高度是 H，X 的宽度是 W，那么 X 的面积是 A，面积 A 是 H 和 W 相乘的结果。

```
goal(X,A) :- height(X,H) & width(X,W) & evaluate(times(H,W),A)
```

在提供这种预定义概念的逻辑编程语言中，这些概念的使用通常受到语法限制。例如，如果一个查询包含一个具有比较关系的子目标（例如 same 和 distinct），那么出现在该子目标中的每个变量都必须出现在主体的至少一个正文字中，而且这种出现必须在子目标（具有比较关系）之前。如果一个查询在子目标中使用 evaluate，那么出现在该子目标第一个参数中的任意一个变量都必须出现在主体的至少一个正文字中，这种出现必须先于具有算术关系的子目标。详细信息通常存储在提供这种内置概念的系统的文档中。

在实际的逻辑编程语言中，通常还包含预定义的聚合运算符，比如 `setofall` 和 `countofall`。

聚合运算符通常表示为具有特殊语法的关系。例如，下面的规则使用了 `countofall` 来统计一个人的子女的数量。N 是 X 的孩子数，当且仅当 N 是所有孩子 Y 的计数，且 X 是 Y 的父辈。

```
goal(X,N) :- person(X) & evaluate(countofall(Y,parent(X,Y)),N)
```

正如使用特殊关系一样，它们的使用也有语法上的限制。特别地，聚合子目标必须安全，因为第二个参数中的所有变量必须包含在第一个参数中，或者必须用在包含聚合的规则的正子目标中。

3.6   示例——亲属关系

考虑第 2 章介绍的 Kinship 应用程序的一个变体。在这种情况下，我们的词汇表包括符号（表示人）和一个二元谓词 `parent`，对于谓词 `parent`，当且仅当作为第一个参数指定的人是第二个参数指定的人的父辈时，谓词 `parent` 为真。

根据这个词汇表表达的父母身份的数据，我们也可以编写查询来提取其他关系的信息。例如，我们可以通过写下如下所示的查询来找到祖父母和孙辈。如果 X 是 Y 的父母，Y 是 Z 的父母，那么 X 就是 Z 的祖父母。这里的变量 Y 是一个连接第一个子目标和第二个子目标的线程变量，但它本身并不出现在规则的头部。

```
goal(X,Z) :- parent(X,Y) & parent(Y,Z)
```

通常，我们可以使用多个规则编写查询。例如，我们可以通过编写下面的多规则查询来收集数据集中提到的所有人。在这种情况下，条件是析取的（至少一个必须为真），而祖父母情况下的条件是合取的（两个都必须为真）。

```
goal(X) :- parent(X,Y)
goal(Y) :- parent(X,Y)
```

在某些情况下，在我们的查询中使用内置关系是有帮助的。例如，我们如果想询问："在所有的二人组中，哪些二人组是兄弟姐妹的关系？"这可通过以下的查询规则来实现。我们在这里使用不同的条件来避免某人将自己列为自己的兄弟姐妹。

```
goal(Y,Z) :- parent(X,Y) & parent(X,Z) & distinct(Y,Z)
```

虽然我们可以用查询语言来表达许多常见的亲属关系，但是有些关系实在是太难表达了。例如，我们没有办法查询一个人的所有祖先（父母、祖父母、曾祖父母等）。为此，我们需要具备写递归查询的能力。我们将在关于视图定义的章节中展示如何编写这样的查询。

3.7　示例——地图着色

考虑只使用 4 种颜色给平面地图着色的问题，其思想是给每个区域分配一种颜色，这样就不会有两个相邻区域被分配相同的颜色。

一个典型的地图如图 3-1 所示。这里我们有 6 个区域。有些是相邻的，这意味着它们不能被赋予相同的颜色。另一些则不是相邻的，这意味着它们可以被赋予相同的颜色。

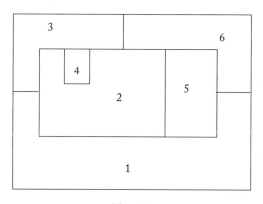

图　3-1

我们可以列举如下所示的要使用的色调。red、green、blue 和 purple，这些常量分别代表相应的红、绿、蓝和紫色调。

```
hue(red)
hue(green)
hue(blue)
hue(purple)
```

在图 3-1 显示的地图中，我们的目标是找到给地图中的 6 个区域着色，使每两个相邻的区域的色调都不相同的着色方式。我们可以通过下面的查询来表达这个目的。

```
goal(C1,C2,C3,C4,C5,C6) :-
  hue(C1) & hue(C2) & hue(C3) & hue(C4) & hue(C5) & hue(C6) &
  distinct(C1,C2) & distinct(C1,C3) & distinct(C1,C5) & distinct(C1,C6) &
  distinct(C2,C3) & distinct(C2,C4) & distinct(C2,C5) & distinct(C2,C6) &
  distinct(C3,C4) & distinct(C3,C6) & distinct(C5,C6)
```

计算此查询将得到 6 个色调元组，确保没有两个相邻区域具有相同的颜色。在这样的问题中，我们通常只需要一个解决方案，而不是所有的解决方案。然而在这种情况下，即使只找到一个解决方案的代价也是很高的。在第 4 章，我们将讨论如何编写这样的查询，使得寻找这样的解决方案的过程更高效。

3.8　习题

3.1　对于下列每一个字符串，请指出它是否是一个语法上合法的查询。

　(a) goal(X):-p(a,f(f(X)))

　(b) goal(X,Y):-p(X,Y)&~p(Y,X)

　(c) goal(X,Y):-p(X,Y)&p(Y,X)

　(d) goal(p,Y):-p(a,Y)

　(e) goal(X):-p(X,b)&p(X,p(b,c))

3.2　请指出下面的每一个查询是否安全。

　(a) goal(X,Y):-p(X,Y)&p(Y,X)

　(b) goal(X,Y):-p(X,Y)&p(Y,Z)

　(c) goal(X,Y):-p(X,X)&p(X,Z)

　(d) goal(X,Y):-p(X,Y)&~p(Y,Z)

　(e) goal(X,Y):-p(X,Y)&~p(Y,Y)

3.3　在下面显示的数据集上计算查询 goal(X,Z):-p(X,Y)&p(Y,Z) 的结果。

```
p(a,b)
p(a,c)
p(b,d)
p(c,d)
```

3.4　假设我们有一个数据集，它带有一个二元谓词 parent（当且仅当指定为第一个参数的人是指定为第二个参数的人的父辈时，该谓词取值为真）。写一个定义无子女属性的查询。提示：使用聚合操作符 countofall，并确保查询是安全的。（这个习题并不难，但是有点棘手。）

3.5　为以下每个问题编写一个查询。数值应该只包括数字 8、1、4、7、3，并且每个数字在解题中最多只能使用一次。你的查询应该按照说明来表达问题，即你不应该先自己动手解决问题，然后再让查询简单地返回答案。

（a）1 位数字和 2 位数字的乘积是 284。

（b）两个 2 位数的乘积加上一个 1 位数的和是 3355。

（c）一个 3 位数乘以一个 1 位数减去一个 1 位数的差的结果是 1137。

（d）一个 2 位数和一个 3 位数的乘积介于 13 000 ~ 14 000 之间。

（e）当一个 3 位数除以一个 2 位数时，结果在 4 ~ 6 之间。

更　新

4.1　引言

第 3 章介绍了如何编写查询以从数据集中提取信息。在本章，我们着眼于如何更新数据集中的信息，即如何将一个数据集转换为另一个数据集，理想情况下无须重写所有的仿真事实，而是仅关注那些更改了其真值的仿真事实。

4.2　更新语法

与我们的查询语言一样，我们的更新语言包括数据集语言，但提供了一些额外的特性。同样，虽然我们有变量，但是在这种情况下，我们用更新规则代替查询规则。

更新规则是一个表达式，由文字的非空集合（称为条件）和第二个文字的非空集合（称为结论）组成。条件和结论可以是基，也可以包含变量。只有一个限制：结论中的所有变量也必须出现在正的条件中。

在下面的示例中，我们将编写如下所示的更新规则。这里 p(a,b) 和 ~q(b) 是条件，~p(a,b) 和 p(b,a) 是结论。

```
p(a,b) & ~q(b) ==> ~p(a,b) & p(b,a)
```

正如我们将在 4.3 节中看到的，更新规则类似于条件操作规则。它是一个声明，只要条件为真，那么负的结论就应该从数据集中删除，而正的结论应该被添加。例如，上面的规则指出，如果 p(a,b) 为"真"，而 q(b) 不为"真"，那么应该从数据集中删除 p(a,b)，并添加 p(b,a)。

和查询规则一样，通过使用变量，更新规则的能力得到了极大的提高。例如，考虑下面的规则。这是上面所示规则的一个更通用的版本。它不仅适用于特定的对象 a 和 b，而且适用于所有的对象。

```
p(X,Y) & ~q(Y) ==> ~p(X,Y) & p(Y,X)
```

更新是更新规则的有限集合。通常，一个更新只包含一个规则。但是，使用多个规则的更新有时很有用，并且不会增加任何大的复杂性，因此在下面的内容中，我们允许使用多个规则进行更新。

4.3　更新语义

更新规则的一个实例是，所有变量都一致地被基本术语（即没有变量的术语）替换。例如，如果我们有一个具有符号 a 和 b 的语言，那么 p(X,Y)&~q(Y) ==>~p(X,Y)&p(Y,X) 的实例如下所示。

```
p(a,a) & ~q(a) ==> ~p(a,a) & p(a,a)
p(a,b) & ~q(b) ==> ~p(a,b) & p(b,a)
p(b,a) & ~q(a) ==> ~p(b,a) & p(a,b)
p(b,b) & ~q(b) ==> ~p(b,b) & p(b,b)
```

假设我们得到了一个数据集 Δ 和一个更新规则 r。我们说，当且仅当在 Δ 上所有条件都为真时，r 的实例才在 Δ 上有效。我们将正更新集 A(r, Δ) 定义为在 r 的某个活动实例中所有肯定结论的集合，我们将负更新集 D(r, Δ) 定义为 r 的某个活动实例中所有否定结论的集合。

数据集 Δ 上规则集 Ω 的正更新集 A(Ω, Δ) 是 Δ 上规则的正更新的并集；Ω 的负更新集 D(Ω, Δ) 是 Δ 上规则的负更新的并集。

最后，我们通过删除负更新并添加正更新来获得一个结果，该结果可通过对数据集 Δ 应用一组更新规则 R 来生成，即结果为 Δ–D(Ω, Δ) ∩ A(Ω, Δ)。

让我们看一些示例来说明这种语义。考虑下面显示的数据集，在这种情况下，有 4 个符号和 1 个二元谓词 p。

```
p(a,a)
p(a,b)
```

```
p(b,c)
p(c,c)
p(c,d)
```

现在，假设我们想要删除数据集中所有 p 的仿真事实，即，这些仿真事实的第一个和第二个参数相同。要做到这一点，我们需要指定如下所示的更新。

```
p(X,X) ==> ~p(X,X)
```

在这种情况下，有两种条件为真的实例。

```
p(a,a) ==> ~p(a,a)
p(c,c) ==> ~p(c,c)
```

因此，在执行此更新之后，我们将得到如下所示的数据集。

```
p(a,b)
p(b,c)
p(c,d)
```

现在假设我们想要颠倒数据集中剩余 p 的仿真事实的参数。为此，我们将以 p(X,Y) 作为条件指定一个更新；我们将把 p(X,Y) 作为否定结论；我们将指定 p(Y,X) 作为肯定结论。在这种情况下，我们将为数据集中的每个仿真事实赋值一个变量；否定结论将是 {p(a,b)，p(b,c)，p(c,d)}，它们都是数据集中的仿真事实；肯定结论将是 {p(b,a)，p(c,b)，p(d,c)}。

```
p(X,Y) ==> ~p(X,Y) & p(Y,X)
```

在对前面的数据集执行此更新后，我们将得到如下所示的数据集。

```
p(b,a)
p(c,d)
p(d,c)
```

4.4 同步更新

请注意，有时候一个仿真事实会同时出现在正、负更新中。作为这方面的一个示例，考虑以 p(X,a) 作为条件的更新，以 p(X,a) 作为否定结论，以 p(a,X) 作为肯定结论。

```
p(X,a) ==> ~p(X,a) & p(a,X)
```

在前面一节中显示的第一个数据集中，p(a,a) 会同时显示为正更新和负更新。

在这种情况下,我们的语义要求删除仿真事实,然后立即将其再次添加回来,结果没有变化。在这种情况下,这是一个相对武断的解决冲突的方法,但它似乎是程序员最喜欢的方法。

4.5　示例——亲属关系

再次考虑亲属关系应用程序;和以前一样,我们先给出一个二元谓词 parent (当且仅当指定为第一个参数的人是指定为第二个参数的人的父辈时,谓词取值为真)。

下面显示的仿真事实构成了使用此词汇表的数据集。art 是 bob 和 bea 的父母;bob 是 cal 和 cam 的父母;bea 是 cory 和 coe 的父母。

```
parent(art,bob)
parent(art,bea)
parent(bob,cal)
parent(bob,cam)
parent(bea,cory)
parent(bea,coe)
```

在第 3 章,我们看到了如何编写查询来描述其他亲属关系中的 parent 关系。在某些情况下,我们可能希望存储结果的仿真事实,以便不需要重新计算就可以访问它们。

例如,假设我们想要存储有关祖父母和他们的孙辈的信息。我们可以写一个下面这样的更新来做到这一点。

```
parent(X,Y) & parent(Y,Z) ==> grandparent(X,Z)
```

从上面显示的数据集开始,应用此更新将导致向数据集添加以下仿真事实。

```
grandparent(art,cal)
grandparent(art,cam)
grandparent(art,cory)
grandparent(art,coe)
```

如果我们随后想要删除这些仿真事实,我们可以执行下面显示的更新,我们将最终回到我们开始的地方。

```
grandparent(X,Y) ==> ~grandparent(X,Z)
```

现在,假设我们想要将参数转换成 parent 谓词,关联子女和父母,而不是关联父母和子女。为了做到这一点，我们可以写下如下更新。

```
parent(X,Y) ==> ~parent(X,Y) & parent(Y,X)
```

执行此更新将产生以下数据集。

```
parent(bob,art)
parent(bea,art)
parent(cal,bob)
parent(cam,bob)
parent(cory,bea)
parent(coe,bea)
```

在理解这样的更新时，重要的是要记住更新是自动发生的：我们首先计算所有要更改的仿真事实，然后立即进行这些更改——然后再考虑任何其他更新。

4.6 示例——颜色

Ruby Red、Willa White 和 Betty Blue 一起吃午饭。一个穿着红裙子，一个穿着白裙子，一个穿着蓝裙子。没有人穿一种以上的颜色，也没有两个人穿相同的颜色。Betty Blue 告诉她的一个同伴："你是否注意到我们都穿着颜色与我们名字不同的裙子？"另一个穿着白色裙子的女士说："哇，没错！"我们的工作就是找出哪个女士穿哪条裙子。

解决此类问题的一种方法是列举可能的选项，并检查每个选项是否满足问题陈述中的约束。这种方法是有效的，但是它通常需要大量的搜索。为了使寻找解决方案的过程更有效率，我们有时可以使用我们已经知道的值来推断额外的值，从而减少我们需要考虑的可能选项的数量。在本节中，我们将看到如何使用更新来实现这一技术。在这个非常特殊的情况下，正如我们将要看到的，这个技术完全消除了搜索。

为了解决这个问题，我们采用了一个包含六个符号 r、w、b、v、x 和 e 的词汇表。前三个表示人 / 颜色，后三个表示"真值"——真、假和未知。为了表达问题的状态，我们使用一个三元关系常数 c。例如，我们可以写 c(r,b,v) 表示 Ruby Red 穿着白色裙子；我们可以写 c(r,b,x) 表示 Ruby Red 没有穿白色裙子；我们可以写 c(r,b,e) 表示我们不知道 Ruby Red 是否穿着白色裙子。

为了解决这个问题，我们从下面的数据集开始。最初，我们对谁穿什么一无所知。

```
c(r,r,e)
c(r,w,e)
c(r,b,e)
c(w,r,e)
c(w,w,e)
c(w,b,e)
c(b,r,e)
c(b,w,e)
c(b,b,e)
```

我们可以将这种情况描述如下所示，每个单元格中的值表明我们相信——在我们的一个 c 仿真事实中被列为第一个参数的人是否穿着一条裙子，裙子的颜色被指定为第二个参数。为了清晰起见，当单元格值为 e 时，我们将其留空（如图 4-1 所示）。

	r	w	b
r			
w			
b			

图   4-1

首先，我们应用一个约束条件，即没有一个女性穿着与她的名字颜色相同的裙子。

```
c(C,C,e) ==> ~c(C,C,e) & c(C,C,x)
```

在这个更新之后，我们剩下的事务状态如下所示。现在我们在对角线上有了 x 值，但是其他地方仍然有空单元格（如图 4-2 所示）。

	r	w	b
r	×		
w		×	
b			×

图   4-2

接下来我们考虑一下 Betty Blue 对一个穿白裙子的人的评论，这意味着 Betty Blue 没有穿白裙子。

```
color(b,w,e) ==> ~color(b,w,e) & color(b,w,x)
```

这给我们留下了如图 4-3 所示的情况。

	r	w	b
r	×		
w		×	
b		×	×

图　4-3

现在我们进入有趣的部分。首先，我们有一些更新，它们告诉我们，如果在一行或一列中有两个 x，而剩下的单元格是 e，那么在该行或该列中的最终可能性必须是 v。

```
c(P,C1,x) & c(P,C2,x) & c(P,C3,b) ==> ~c(P,C3,b) & c(P,C3,v)
c(P1,C,x) & c(P2,C,x) & c(P3,C,b) ==> ~c(P3,C,b) & c(P3,C,v)
```

将这些更新应用于上述情况一次就会导致如图 4-4 描述的情况。在这里，我们使用一个"对钩"来表示值 v。因为 Willa White 和 Betty Blue 都没有穿白色的裙子，所以 Ruby Red 一定是穿白裙子的。

	r	w	b
r	×	✓	
w		×	
b		×	×

图　4-4

类似地，我们有一些更新告诉我们，如果在一行或一列中出现了一个 v，并且有一个包含 e 的单元格，那么应该将 e 更改为 x。

```
c(P,C1,v) & c(P,C2,e) ==> ~c(P,C2,e) & c(P,C2,x)
c(P1,C,v) & c(P2,C,e) ==> ~c(P2,C,e) & c(P2,C,x)
```

应用这些更新可以提供更多信息。既然 Ruby Red 穿着白色的裙子，那么她一定不是穿着蓝色的裙子（如图 4-5 所示）。

	r	w	b
r	×	✓	×
w		×	
b		×	×

图　4-5

将这些更新再应用三次，就可以得到问题的总体解决方案。既然 Ruby Red 和

Betty Blue 都不穿蓝色，Willa White 一定是穿蓝色的。因此，Willa White 不能穿
红色。因此，Betty Blue 必须穿红色（如图 4-6 所示）。

	r	w	b
r	×	✓	×
w	×	×	✓
b	✓	×	×

图　4-6

这个问题的特殊之处在于，我们可以仅仅通过从其他值中推断出值来解决它。
在这样的约束满足问题中，通常需要进行一些搜索。也就是说，像这里使用的约束
传播技术，即使不能完全用来解决问题，也可以减少这种搜索。

这种情况也很特殊，因为它很容易表达解决问题所需的所有更新规则。对于某
些问题，比如解决数独难题，使用有限的更新语言编写更新规则是不切实际的。幸
运的是，正如我们将在以后的章节中看到的，一旦我们有能力编写视图定义和动作
定义，我们就可以很容易地表达更复杂的规则。

4.7　习题

4.1　对于下列每一个字符串，说明它是否是语法上合法的更新。

（a）p(a,f(f(X)))==>p(X,Y)

（b）P(a,Y)==>P(Y,a)

（c）p(X,Y)&p(Y,Z)==>~(X,Y)&~p(Y,Z)&p(X,Z)

（d）p(X,b)==>f(X,f(b,c))

4.2　对以下数据集应用更新规则 p(X,Y)==>~p(X,Y)&p(Y,X) 的结果是什么？

```
p(a,a)
p(a,b)
p(b,a)
```

4.3　假设我们有一个亲属关系数据集，它有一个二元谓词 parent 和一元谓词
　　 male。编写更新规则，将使用 parent 谓词的所有仿真事实替换为使用二进
　　 制 father 谓词和 mother 谓词的等价仿真事实。

4.4　艾米、鲍勃、科尔和丹去了不同的地方。一个坐火车，一个坐汽车，一个坐
　　 飞机，一个坐船。

　　（1）艾米讨厌坐飞机。

（2）鲍勃租了车。

（3）科尔有晕船的倾向。

（4）丹喜欢火车。

编写更新规则以通过约束传播解决此问题。

查 询 评 估

5.1 引言

在第 3 章，我们根据查询规则的实例描述了查询的语义，它的定义很容易理解，数学上也很精确，但枚举实例并不是得到查询答案的实用方法。在本章我们将提出一个算法，它能以更有效的方式产生相同的结果。

我们先来讨论没有变量的查询的计算。在 5.3 节，我们看到一种对含有变量的表达式进行比较的方法。在 5.4 节，我们将展示如何将这种技术与这里描述的过程结合起来，从而为带有变量的查询生成一个求值。最后，我们将分析我们的评估算法的计算复杂性。

5.2 评估真值查询

如果一个查询包含多个查询规则，我们将检查每个规则的主体是否为真，如果为真，我们将规则的头添加到查询的扩展中。判断主体是否为真的过程取决于主体的类型。

1. 如果查询规则的主体是单个原子，则检查该原子是否包含在数据集中。如果是，那么主体为真。

2. 如果主体是一个否定的原子，我们检查原子是否包含在我们的数据集中，如果包含，那么主体就为假。如果原子不包含在我们的数据集中，那么主体为真。

3. 如果主体是多个文字的合取式，我们首先在第一个合取项上执行这个过程。如果答案为真，我们将继续下一个合取项，直到完成为止。只要有任何一个合取项的答案为假，那么主体作为一个整体的值就为假。

考虑下面的数据集。有四个符号 a、b、c 和 d；有一个二元谓词 p。

```
p(a,b)
p(b,c)
p(c,d)
```

现在，假设我们要评估下面的查询，此时有三个规则。为了计算所有的答案，我们对每一条规则执行我们的程序。

```
goal(a) :- p(a,c)
goal(b) :- p(a,b) & p(b,a)
goal(c) :- p(c,d) & ~p(d,c)
```

在第一个规则中，主体 p(a,c) 是一个原子，因此我们只检查它是否在数据集中。因为它不在数据集中，所以对我们的结果没有任何贡献。

第二个规则的主体是一个合取式：p(a,b)&p(b,a)，因此我们评估这些合取项，以确定它们是否都为真。在这种情况下，第一个合取项为真，但是第二个合取项为假，因此二者的合取式整体为假，同样对我们的最终结果没有任何贡献。

第三条规则的主体也是一个合取式：p(c,d)&~p(d,c)，我们依次检查这个合取式。p(c,d) 为真，所以我们继续 ~p(d,c)。p(d,c) 为假，所以其否定 ~p(d,c) 为真。因为合取式的两个合取项都为真，所以二者的合取式整体为真。因此，我们将规则 goal(c) 加入我们的结果。

5.3 匹配

匹配是确定一个模式（有或没有变量的表达式）是否匹配一个实例（没有变量的表达式）的过程，即通过对模式中的变量进行适当的替换，看看两个表达式是否可以相同。

替换是变量到项的有限绑定集。在接下来的内容中，我们将替换写成一组替换规则，如下图所示。在每个规则中，箭头所指向的变量将被箭头另一端的项替换。在这种情况下，X 与 a 相关，Y 与 b 相关。

$$\{X \leftarrow a, Y \leftarrow b\}$$

将代换 σ 应用于表达式 ϕ 的结果是 $\phi\sigma$，可通过将代换中每个变量的每次出现都换成它所绑定的项，从而从表达式 ϕ 获得表达式 $\phi\sigma$。

$$p(X,b)\{X\leftarrow a, Y \leftarrow b\} = p(a,b)$$
$$q(X,Y,X)\{X\leftarrow a, Y \leftarrow b\} = q(a,b,a)$$

替换是模式和实例的匹配器，当且仅当将替换应用于模式会在给定实例中产生结果。我们的语言的一个优点是，有一个简单而廉价的过程来计算模式和表达式（如果存在）的匹配器。

这个过程假设表达式是一系列的子表达式。例如，表达式 p(X,b) 可以看作是一个有三个元素的序列，即谓词 p、变量 X 和符号 b。

我们用两个表达式和一个替换（最初是空的）开始这个过程。然后我们递归地处理这两个表达式，比较每个点上的子表达式。在此过程中，我们使用如下所述的变量赋值来扩展替换。

1. 如果模式是一个符号，实例是相同的符号，那么该过程成功，返回未修改的替换作为结果。

2. 如果模式是一个符号，而实例是另一个符号或复合表达式，则该过程将失败。

3. 如果模式是一个带有绑定的变量，我们将变量的绑定与给定的实例进行比较。如果它们是相同的，该过程成功，返回未修改的替换作为结果；否则它失败。

4. 如果模式是一个没有绑定的变量，那么我们在给定实例中包含该变量的绑定，并返回该替换。

5. 如果模式是一个复合表达式，而实例是一个相同长度的复合表达式，我们就会迭代模式和实例。

6. 如果模式是复合表达式，而实例是不同长度的符号或复合表达式，则该过程将失败。

如果我们在这个过程中的任何时候都不能匹配子模式和子实例，那么整个过程就会失败。如果我们完成了这个模式和实例的递归比较，那么整个过程就成功了，在这一点上累积的替换就是结果匹配器。

作为操作中此过程的一个示例，我们考虑将模式 p(X,Y) 和实例 p(a,b) 与初始替换 {} 匹配的过程。下面显示了此示例中该过程的执行轨迹。我们始于一个比较，该比较带有标记为 Compare 的一行、要比较的表达式和输入替换。我们用一行标记为 Result 的代码来显示每次比较的结果。缩进显示了过程的递归深度。

```
Compare: p(X,Y), p(a,b), {}
    Compare: p, p, {}
    Result: {}
    Compare: X, a, {}
    Result: {X←a}
    Compare: Y, b, {X←a}
    Result: {X←a, Y←b}
Result: {x←a, y←b}
```

作为另一个示例，我们考虑将模式 p(X,X) 和实例 p(a,a) 进行匹配的过程。一个跟踪如下所示。当我们比较这两个表达式的最后一个参数时，X 被绑定到 a，因此匹配成功。

```
Compare: p(X,X), p(a,a), {}
    Compare: p, p, {}
    Result: {}
    Compare: X, a, {}
    Result: {X←a}
    Compare: X, a, {X←a}
    Result: {X←a}
Result: {X←a}
```

作为最后一个示例，我们考虑试图将模式 p(X,X) 和表达式 p(a,b) 进行匹配的过程。这个示例的兴趣点在于比较两个表达式中的最后一个参数，即 X 和 b。当我们到达这一点时，X 被绑定到 a，对应的实例是 b。因为模式是一个符号，而实例是另一个不同的符号，所以匹配尝试失败。

```
Compare: p(X,X), p(a,b), {}
    Compare: p, p, {}
    Result: {}
    Compare: X, a, {}
    Result: {X←a}
    Compare: X, b, {X←a}
    Result: false
Result: false
```

这个匹配过程非常简单。然而，它是值得深入理解的，因为它是后面章节中定义和使用更复杂匹配程序的基础。

5.4 用变量评估查询

使用变量计算查询是复杂的，因为可能有多个变量绑定使规则的主体为真；因此，可能有多个答案。有时，我们只需要一个答案；有时，我们需要几个答案；有时，我们又需要所有的答案。接下来，我们讨论一个生成所有答案的过程。其他情况的过程是类似的。

在查找任意查询规则（即有或没有变量的查询规则）的扩展时，我们从查询规则和空替换开始。我们不像在基本情况下那样简单地检查主体是真还是假，而是计算主体为真的所有变量绑定的集合，对于每个变量绑定，我们在扩展中包含将该变量绑定应用到规则头部的结果。计算这些变量绑定的过程取决于规则主体的类型。

1. 如果规则的主体是一个原子，我们尝试将原子与数据集中的仿真事实相匹配。对于每个匹配原子的仿真事实，我们将相应的替换添加到我们的答案集中，然后返回以这种方式获得的所有替换的集合。

2. 如果查询是否定的，我们将在否定的参数和给定的替换上执行过程。如果结果是一个非空集合（即有一些替换起作用），那么否定为假，我们返回"假"作为答案。如果递归执行的结果是空集（即没有可用的替换），那么作为一个整体，否定为"真"，我们返回包含给定替换的单例集作为结果。

3. 如果我们的查询是一个合取式，我们将在第一个合取项和给定的替换处执行过程。然后，对于在其余的合取项上执行该过程的每个替换以及前面给定的那个替换，我们对答案列表进行迭代，并返回结果替换。

为了说明此过程，请考虑下面所示的数据集。

```
p(a,b)
p(a,c)
p(b,c)
p(c,d)
```

现在，我们考虑查询 goal(Y):-p(a,Y)。模式 p(a,Y) 匹配我们数据集中的两个仿真事实，因此有两个结果。

```
goal(b)
goal(c)
```

假设我们有查询规则 goal(Y):-p(a,Y)&p(Y,d)。再一次，模式 p(a,Y) 只匹配我们数据集中的两个仿真事实。给定 {Y ← b}，模式 p(Y,d) 不匹配任何仿真事实；

给定 {Y ← c}, 模式 p(Y,d) 只匹配 p(c,d)。因此, 在这种情况下只有一个答案。

```
goal(c)
```

给定合取式查询目标 (Y):-p(a,Y)&~p(Y,d), 我们将再次找到第一个合取项的两个答案, 即 {Y ← b} 和 {Y ← c}。给定其中的第一个, 否定 ~p(Y,d) 是满足的, 因此合取项为真。给出了第一个合取项的第二个答案, 否定失败了, 因此在这种情况下没有答案。和上一个问题一样, 只有一个答案。

```
goal(b)
```

最后, 对于一个包含多个规则的查询, 我们将得到各个规则的答案的联合。

5.5 计算分析

我们的查询评估算法的一个很好的特点是, 计算分析是直接的。在本节中, 我们假设一个标准的从左到右的评估实现, 不对数据集进行索引, 并且在计算结果之后不对结果进行缓存。

考虑下面显示的查询:

```
goal(a,c) :- p(a,Y) & p(Y,c)
```

评估此查询的成本是多少? 在最坏的情况下, 数据库中有 n^2 个事实, 其中 n 是我们语言中的基本术语的数量。因此, 我们需要 n^2 个步骤来评估第一个合取项。最多有 n 个事实以 a 作为第一个参数。对于每一个, 我们研究第二个合取项的 n^2 种可能性。因此, 计算实例的成本可以如下所示。

$$n^2 + n^* n^2 = n^2 + n^3$$

现在考虑下面显示的这个查询的一般版本。

```
goal(X,Z) :- p(X,Y) & p(Y,Z)
```

计算这个查询的所有答案的成本是多少? 在最坏的情况下, 数据库中有 n^2 个事实, 其中 n 是域中对象的数量。因此, 我们需要 n^2 个步骤来评估第一个子目标。Y 至多有 n^2 个可能的值。对于每一个, 我们研究第二个子目标的 n^2 种可能性。最终的成本如下所示。

$$n^2 + n^2 * n^2 = n^2 + n^4$$

在离开我们对复杂性的分析之前，将使用这种算法计算答案的成本与按照前一章描述的语义计算答案的成本进行比较是有益的，即通过枚举规则的所有实例，并对每个实例的主体是正确还是错误进行检查。

在前面的示例中，查询只有三个变量。因此，对于一个有 n 个对象的域，有 n^3 个实例。为了评估每个实例，我们必须将我们的两个子目标与数据集中的每个仿真事实进行比较，在最坏的情况下，这些子目标中有 n^2 个。总体成本如下所示。

$$n^3(n^2 + n^2) = n^5 + n^5 = 2n^5$$

此时，我们的算法明显更好，并且当我们考虑稀疏数据集，即不包括所有可能的仿真事实的数据集时，相对的好处更大。在这种情况下，"基于语义的"算法仍然得查看所有的实例，但是我们的算法只需要查看那些从数据集中的仿真事实派生出来的实例。

请注意，在存在数据集索引或结果缓存的情况下，这些分析的细节可能不同，但分析的风格相同，两种算法的相对优点或多或少也是相同的。

5.6 习题

5.1 对于下面的每个模式和实例，说明该实例是否匹配该模式，如果匹配，则给出相应的匹配器。

(a) p(X,Y) 和 p(a,a)

(b) p(X,Y) 和 p(a,f(a))

(c) p(X,f(Y)) 和 p(a,f(a))

(d) p(X,X) 和 p(2,min(2,4))

(e) p(X,min(2,4)) 和 p(2,2)

5.2 假设我们想要找到所有的 goal(X,Y,Z)，使 p(X,Y)&q(Y,Z)。选择捕获这个查询（假设数据集没有索引）的标准评估算法的最坏情况复杂度的公式。这里的符号 n 表示域中对象的总数。

(a) $2n^2 + 2n^3$

(b) $2n^2 + 2n^4$

(c) $2n^2 + n^3 + n^4$

5.3 对于下面显示的每个查询，选择一个表达式，该表达式可以捕获我们标准评
     估算法中最糟糕的情况，而不需要索引。符号 n 表示域中对象的总数。

     `goal(X,Y):-p(X,Y)&q(Y)&q(Z)`

     (a) $n^4 + n^3 + n^2 + n$

     (b) $2n^4 + 2n^3 + n^2 + n$

     (c) $2n^4 + 2n^3$

     `goal(X,Y):-p(X,Y)&q(Y)`

     (a) $n^4 + n^3 + n^2 + n$

     (b) $2n^4 + 2n^3 + n^2 + n$

     (c) $2n^4 + 2n^3$

视图优化

6.1 引言

当且仅当两个查询为每个数据集生成相同的结果时，这两个查询在语义上等价。在这种情况下，如果我们所关心的只是得到正确的答案，那么我们写哪个查询并不重要。另一方面，有可能一个查询在计算上比另一个更好，因为我们的评估算法能更快地得到这些答案。

在本章，我们将介绍各种优化查询的技术，它们将昂贵的查询转换为计算复杂度较低且在语义上等价的查询。我们首先讨论查询规则中的子目标排序，然后讨论如何消除无用的子目标。最后，我们将讨论如何从具有多个规则的查询中消除规则。

6.2 子目标排序

评估效率低下的一个常见原因是查询中子目标的排序不是最优。好消息是，即使不观察查询要返回的数据，只要查看所涉及的查询的形式，也可以找到更好的排序。

下面所示的查询就是因为子目标排序不良而导致效率低下。如果 p 对 X 为真，r 对 X 和 Y 为真，q 对 X 为真，那么 goal 对 X 和 Y 为真。

```
goal(X,Y) :- p(X) & r(X,Y) & q(X)
```

直观地讲，如果为我们的通用评估过程写这个查询，这似乎不是好的方式。因为条件 q 应该在条件 r 之前，如下面的查询所示。

```
goal(X,Y) :- p(X) & q(X) & r(X,Y)
```

事实上，这种直觉有充分的理由。对于我们的标准评估程序，评估第一个查询的最坏情况是 n^4，其中 n 是对象域的大小。相比之下，计算第二个查询的最坏情况成本只有 n^3。

让我们更详细地看看这两种情况。在最坏的情况下，数据库中有 $n^2 + 2n$ 个事实，其中 n 是域中对象的数量。

在计算第一个查询时，我们的算法将首先检查所有 $n^2 + 2n$ 个事实，以找到匹配 p(X) 的事实。最多有 n 个答案。对于其中的每一个，算法将再次查看 $n^2 + 2n$ 个事实，以找到那些与 r(X,Y) 匹配的事实，对于 X 的每个值都有 n 个。最后，对于每个对，算法将再次检查 $n^2 + 2n$ 个事实，以找到匹配 q(X) 的事实。总计如下：

$$(n^2 + 2n) + n*((n^2 + 2n) + n*(n^2 + 2n)) = n^4 + 3n^3 + 3n^2 + 2n$$

在计算第二个查询时，该算法将再次检查所有 $n^2 + 2n$ 个事实，以找到匹配 p(X) 的事实。最多有 n 个答案。对于其中的每一个，算法都会再次查看 $n^2 + 2n$ 个事实，以找到那些与 q(X) 匹配的事实。对于 X 的每个值至少有一个。最后，对于每个 X，算法将检查 $n^2 + 2n$ 个事实，以找到匹配 r(X,Y) 的事实。总计如下：

$$(n^2 + 2n) + n*((n^2 + 2n) + 1*(n^2 + 2n)) = 2n^3 + 5n^2 + 2n$$

例如，假设域中有 4 个对象。在这种情况下，最多有 4 个 p 事实，4 个 q 事实和 16 个 r 事实。计算第一个查询需要 504 个匹配项，而计算第二个查询仅需 208 个。

在存在索引的情况下，两种排序的渐近复杂度是相同的。然而，第二次排序的低阶项表明它仍然是更好的排序。此外，可以证明，在所有可能的数据库上取平均值，第二个查询比第一个查询更好。

幸运的是，在这种情况下，有一个简单的方法可以重新排序子目标。其基本思想是为查询增量地组装一个新主体，在每个步骤中选择一个子目标，并将其从要考虑的剩余子目标列表中删除。在做出选择时，该方法按照从左到右的顺序检查剩余的子目标。如果它遇到一个子目标，其所有变量都被已经选择的子目标绑定，那么该子目标将被添加到新查询中，并从剩余子目标列表中删除。如果没有，该方法将从列表中删除第一个剩余子目标，将其添加到新查询中，更新其绑定变量列表，然后继续下一步。

作为此方法的实际示例，请考虑上面显示的第一个查询。在开始的时候，剩下的子目标列表包含了查询中的所有三个子目标。此时，这三个子目标都不是基，因此该方法选择第一个子目标 p(X)，将其添加到新查询中，并将 X 放在绑定变量列表中。在第二步，该方法查看剩下的两个子目标。子目标 r(X,Y) 包含未绑定的变量 Y，因此它没有被选中。相比之下，子目标 q(X) 中的所有变量都是绑定的，因此该方法接着输出这个子目标。在第三步，添加最终的子目标，形成上面显示的第二个查询。

6.3　子目标移除

评估效率低下的另一个常见原因是查询中存在冗余的子目标。在许多情况下，可以检测和消除这些冗余。

作为该问题的一个简单示例，请考虑下面所示的查询。如果 p 对 X 和 Y 为真，q 对 Y 为真，q 对某些 Z 也为真，那么 goal 对 X 和 Y 为真。

```
goal(X,Y) :- p(X,Y) & q(Y) & q(Z)
```

应该清楚，子目标 q(Z) 在这里是多余的。如果 Y 的值使得 q(Y) 为 "真"，那么 Y 的值也可以作为 Z 的值。因此，我们可以删除 q(Z) 子目标（同时保留 q(Y)），从而产生如下所示的查询。

```
goal(X,Y) :- p(X,Y) & q(Y)
```

请注意，相反的情况是不正确的。如果我们去掉 q(Y) 并保留 q(Z)，我们将失去 p 的第二个参数的约束，这也是 r 的一个参数。

幸运的是，很容易确定哪些子目标可以删除，哪些需要保留。其基本思想是为查询增量地组装一个新主体，在每个步骤中选择一个子目标，检查冗余，并在子目标不是冗余的情况下添加一次子目标。

作为此方法实际应用的示例，请考虑上面所示的示例。该方法首先计算查询头部的变量，即 [X,Y]，并将变量 newquery 初始化为一个新查询，其头部与原始查询相同。然后它对查询的主体进行迭代，一旦对这些子目标作冗余检查，我们就在新查询中添加这些子目标。

在迭代的第一步，该方法集中在 p(X,Y) 上。它创建一个数据集，其中包含剩余子目标的实例，即 q(x1) 和 q(x2)；然后它尝试派生 p(x0,x1)；在这种情况下，它失败了。因此 p(X,Y) 被添加到新的查询中。

在第二步骤，该方法集中于 q(Y)。它创建一个数据集，其中包含剩余子目标的实例，即 p(x0,x1) 和 q(x2)；然后它尝试派生 q(x1)；并且再次失败。因此 q(Y) 被添加到新的查询中。

最后，该方法集中在 q(Z) 上。它创建一个由其他子目标（即 p(x0,x1) 和 q(x1)）的实例组成的数据集；然后尝试派生 q(Z) 的实例。注意，Z 在这里是不受约束的，因为它不会作为头变量或者任何其他子目标中的变量出现。在这种情况下，测试成功了；因此 q(Z) 没有被添加到新的查询中。

这种方法很合理，因为它只删除多余的子目标。因此，此方法生成的任何查询都等价于作为输入提供的查询。

不幸的是，这个方法并不完备。有一些冗余的子目标是检测不到的。当多个冗余子目标共享会阻止方法检测冗余的变量时，问题就出现了。

作为一个示例，考虑下面显示的查询。如果 p 对 X 和 Y 为真，q 对 X 和 Y 为真，p 对 X 和 Z 为真，q 对 X 和 Z 为真，那么，goal 对 X 为真。

```
goal(X) :- p(X,Y) & q(X,Y) & p(X,Z) & q(X,Z)
```

显然，最后两个子目标与前两个子目标是多余的。不幸的是，我们的方法没有检测到任何一对中的任何一个子目标是冗余的，因为变量与该对的另一个子目标是共享的。试试看。

检测这种冗余，可以通过考虑子目标的子集（而不仅仅是单个子目标）来机械地完成。然而，这比上面概述的简单方法更昂贵。

6.4 规则移除

一种类似的评估效率低下的形式源于冗余规则的存在。正如规则中的冗余子目标一样，我们通常很容易检测和消除这种冗余。

作为这个问题的一个示例，我们考虑下面的规则。如果 p 对 X 和 Y 为真，q 对 b 为真，r 对 Z 为真，那么，goal 对 X 为真。如果 p 对 X 和 Y 为真，q 对 Y 为真，那么，goal 对 X 为真。

```
goal(X) :- p(X,b) & q(b) & r(Z)
goal(X) :- p(X,Y) & q(Y)
```

由第一个规则产生的任何答案也由第二个规则产生，因此第一个规则是多余的，可以被消除。

检测这种冗余的诀窍是认识到第二条规则包含了第一条规则，即第二条规则产生的所有答案都是由第一条规则产生的。如果我们替换主体中的部分或全部变量，且第二条规则不出现在头部，那么头部保持不变，它的所有子目标都是第一条规则主体的成员。在这种情况下，我们需要做的就是用 b 代替 Y，我们得到了规则 goal(X):-p(X,b)&q(b)，这与第一个规则相同，只是子目标较少。因此，第一个规则的每个输出都是第二个规则的输出；因此，第一个规则可以被删除。

6.5 示例——密码算术

密码算术问题是一个约束满足问题，其特征是一组有限的字母和一组有限的数字，以及一个用字母书写的算术约束。该问题的解决方案是将字母与数字一一映射，这样当字母被相应的数字替换时，就满足了算术约束。

一个经典的密码算术如下所示。这里，字母是 {S,E,N,D,M,O,R,Y}，数字是 0 ~ 9 之间的数字，我们正在寻找一个字母到数字的赋值，这样方程就成立了。

```
 SEND
+MORE

MONEY
```

我们可以把这个问题形式化为一个查询，就像我们在第 3 章将地图着色问题形式化一样。首先，我们有一个数据集，该数据集列出了允许的数字。

```
digit(0)
digit(1)
digit(2)
digit(3)
digit(4)
digit(5)
digit(6)
digit(7)
digit(8)
digit(9)
```

接下来，我们编写一个查询，将这 8 个字母列为目标值，使用子目标来确定这些变量的范围、不相交约束和捕获算术条件的附加约束。参见下方代码。为了简洁起见，我们在这里使用普通的算术运算符来代替相应的内置函数，例如，我们使用 E!=S 来表示使用 distinct(E,S)，我们使用 1000*S 来表示倍数 (1000,S)。

```
goal(S,E,N,D,M,O,R,Y) :-
  digit(S) & digit(E) & digit(N) & digit(D) &
  digit(M) & digit(O) & digit(R) & digit(Y) &
  S!=0 & E!=S & N!=S & N!=E & D!=S & D!=E & D!=N &
  M!=0 & M!=S & M!=E & M!=N & M!=D &
  O!=S & O!=E & O!=N & O!=D & O!=M &
  R!=S & R!=E & R!=N & R!=D & R!=M & R!=O &
  Y!=S & Y!=E & Y!=N & Y!=D & Y!=M & Y!=O & Y!=R &
  evaluate(1000*S+100*E+10*N+D),Send) &
  evaluate(1000*M+100*O+10*R+E),More) &
  evaluate(10000*M+1000*O+100*N+10*E+Y),Money) &
  evaluate(plus(Send,More,Money)/td>
```

以这种方式表达了我们的目标之后，我们可以使用我们的评估程序来生成这个问题的答案。然而，这并非没有困难。考虑到这个查询的写作方式，评估过程将会花费很长的时间。有 $10^8 = 100\ 000\ 000$ 个可能的变量绑定。在最坏的情况下（没有解决方案），它会检查所有这些。平均来说，它将不得不考虑一个相当大的部分。

好消息是，我们可以使用子目标排序将这个查询转换成一个更容易评估的查询。我们只是简单地将不等式移动到变量被绑定的位置。参见下方代码。

```
goal(S,E,N,D,M,O,R,Y) :-
  digit(S) & S!=0 &
  digit(E) & E!=S &
  digit(N) & N!=S & N!=E &
  digit(D) & D!=S & D!=E & D!=N &
  digit(M) & M!=0 & M!=S & M!=E & M!=N & M!=D &
  digit(O) & O!=S & O!=E & O!=N & O!=D & O!=M &
  digit(R) & R!=S & R!=E & R!=N & R!=D & R!=M & R!=O &
  digit(Y) & Y!=S & Y!=E & Y!=N & Y!=D & Y!=M & Y!=O & Y!=R &
```

```
evaluate(1000*S+100*E+10*N+D),Send) &
evaluate(1000*M+100*O+10*R+E),More) &
evaluate(10000*M+1000*O+100*N+10*E+Y),Money) &
evaluate(plus(Send,More,Money)/td>
```

这样做之后，我们甚至在许多可能性产生之前就排除了它们。结果是，这个查询计算所需的时间少了几个数量级，在大多数计算机上的计算时间不超过 1 秒。

6.6 习题

6.1 对于下面的每一组查询规则，请使用我们的标准算法而不是索引，在最坏情况评估复杂度方面，指出哪一个规则是最好的。

（a）goal(X,Y,Z) :- p(X,Y) & q(X,X) & r(X,Y,Z)
goal(X,Y,Z) :- p(X,Y) & r(X,Y,Z) & q(X,X)
goal(X,Y,Z) :- q(X,X) & p(X,Y) & r(X,Y,Z)
goal(X,Y,Z) :- q(X,X) & r(X,Y,Z) & p(X,Y)
goal(X,Y,Z) :- r(X,Y,Z) & p(X,Y) & q(X,X)
goal(X,Y,Z) :- r(X,Y,Z) & q(X,X) & p(X,Y)

（b）goal(X,Y,Z) :- p(X,Y) & q(a,b) & r(X,Y,Z)
goal(X,Y,Z) :- p(X,Y) & r(X,Y,Z) & q(a,b)
goal(X,Y,Z) :- q(a,b) & p(X,Y) & r(X,Y,Z)
goal(X,Y,Z) :- q(a,b) & r(X,Y,Z) & p(X,Y)
goal(X,Y,Z) :- r(X,Y,Z) & p(X,Y) & q(a,b)
goal(X,Y,Z) :- r(X,Y,Z) & q(a,b) & p(X,Y)

（c）goal(X,Y,Z) :- p(X,Y,Z) & q(X) & ~r(X,Y)
goal(X,Y,Z) :- p(X,Y,Z) & ~r(X,Y) & q(X)
goal(X,Y,Z) :- q(X) & p(X,Y,Z) & ~r(X,Y)
goal(X,Y,Z) :- q(X) & ~r(X,Y) & p(X,Y,Z)
goal(X,Y,Z) :- ~r(X,Y) & q(X) & p(X,Y,Z)
goal(X,Y,Z) :- ~r(X,Y) & p(X,Y,Z) & q(X)

6.2 对于以下查询规则组中的每一组，请选择与本组中第一个规则等效的替代项。

（a）goal(X) :- p(X,Y) & q(Y) & q(Z)
goal(X) :- p(X,Y)
goal(X) :- p(X,Y) & q(Y)
goal(X) :- p(X,Y) & q(Z)

（b）goal(X) :- p(X) & q(X) & q(W)
goal(X) :- p(X)
goal(X) :- p(X) & q(X)
goal(X) :- p(X) & q(W)

（c）goal(X,Y,Z) :- p(X,Y) & q(Y) & q(Z) & q(W)

　　goal(X,Y,Z) :- p(X,Y) & q(Y) & q(Z)

　　goal(X,Y,Z) :- p(X,Y) & q(Y) & q(W)

　　goal(X,Y,Z) :- p(X,Y) & q(Z) & q(W)

6.3　对于下列每对查询，说明第一个查询是否包含第二个查询，即第一个查询的答案集是否包含第二个查询的答案。

（a）goal(X) :- p(X,Y)

　　goal(X) :- p(X,a) & p(X,b)

（b）goal(X) :- p(X,a)

　　goal(X) :- p(X,Y)

（c）goal(X) :- p(X,Y) & p(X,Z)

　　goal(X) :- p(X,b) & q(b)

视图的定义

视 图 定 义

7.1 引言

考虑下面的亲属关系数据集。这里的情况与第 2 章描述的情况相同。Art 是 Bob 和 Bea 的父亲。Bob 是 Cal 和 Cam 的父亲。Bea 是 Coe 和 Cory 的母亲。

```
parent(art,bob)
parent(art,bea)
parent(bob,cal)
parent(bob,cam)
parent(bea,coe)
parent(bea,cory)
```

假设现在我们想要表达关于祖父关系以及父关系的信息。正如第 6 章所说,我们可以通过向数据集中添加事实来做到这一点。在这种情况下,我们将添加以下事实。Art 是 Cal、Cam、Coe 和 Cory 的祖父。

```
grandparent(art,cal)
grandparent(art,cam)
grandparent(art,coe)
grandparent(art,cory)
```

不幸的是,这样做是很浪费的。祖父关系可以根据父关系来定义,因此存储"祖父数据"和"父数据"是多余的。

一个更好的选择是编写规则来对这些定义进行编码,并在需要时使用这些规则来计算由这些规则定义的关系。正如我们将在本章看到,我们可以使用类似于我们在第 3 章用来定义目标关系的规则来写这样的定义。例如,在上面的示例中,我们可以编写以下规则,而不是将祖父事实添加到数据集中,因为我们知道可以使用该规则来计算祖父数据。

```
grandparent(X,Z) :- parent(X,Y) & parent(Y,Z)
```

在下文中，我们区分了基本关系和视图关系。我们通过在数据集中写入事实来定义基本关系，我们通过在规则集中写入规则来定义视图关系。在我们的示例中，`parent` 是一个基本关系，`grandparent` 是一个视图关系。

给定一个定义基本关系的数据集和定义视图关系的规则集，我们可以使用自动推理工具推导出关于视图关系的事实。例如，给定前面关于 `parent` 关系的事实和用于定义 `grandparent` 关系的规则，我们可以计算关于 `grandparent` 关系的事实。

使用规则来定义视图关系比以数据集的形式编码这些关系具有多重优势。第一，具有经济性，正如我们刚才所看到的，如果视图关系是根据规则定义的，我们就不需要在数据集中存储那么多的事实。第二，发生事情不同步的可能性较小，例如，如果我们更改父关系而忘记更改祖父关系。第三，视图定义适用于任意数量的对象，它们甚至适用于具有无限多个对象（例如整数）的应用程序，而不需要无限存储。

在本章，我们将介绍视图定义的语法和语义，并描述了分层的重要概念。在接下来的章节中，我们将看到许多使用规则来定义视图的示例。在第 11 章和第 12 章，我们将看到一些使用规则来计算视图关系的实用技术。

7.2　语法

视图定义的语法几乎与第 3 章描述的查询的语法相同。不同类型的常量是相同的，术语、原子和文字的概念也是相同的。主要的区别在于规则的语法。

跟以前一样，规则是由一个特殊的原子（称为头部）和零个或多个文字（称为主体）的连接组成的表达式。主体中的文字被称为子目标。在下面的示例中，我们编写了如下所示的规则。这里，r(X,Y) 是头部；p(X,Y)&~q(Y) 是主体，p(X,Y) 和 ~q(Y) 是子目标。

```
r(X,Y) :- p(X,Y) & ~q(Y)
```

尽管存在相似之处，但查询规则和视图定义中使用的规则之间有两个重要的区别。首先，在编写查询规则时，查询规则的头部使用单个通用谓词（例如 goal）。相比之下，在视图定义中，我们定义的关系使用谓词（例如上面示例中的谓词 r）。其次，在编写查询规则时，我们规则的子目标只能提及数据集中描述的关系的谓词。相比之下，在视图定义中，子目标可以包含视图谓词以及基本关系的谓词。

视图定义中更灵活的语法的一个好处是我们可以在一组规则中定义多个关系。例如，下面的规则用 p 和 q 来定义 f 关系和 m 关系。

```
f(X,Y) :- p(X,Y) & q(X)
m(X,Y) :- p(X,Y) & ~q(X)
```

第二个好处是我们可以在定义其他视图关系时使用视图关系。例如，在下面的规则中，我们在定义 g 时使用了视图关系 f。

```
g(X,Z) :- f(X,Y) & p(Y,Z)
```

第三个好处是视图可以在它们自己的定义中使用，从而允许我们递归地定义关系。例如，下面的规则将 a 定义为 p 的传递闭包。

```
a(X,Z) :- p(X,Z)
a(X,Z) :- p(X,Y) & a(Y,Z)
```

不幸的是，宽松的语法允许规则集包含一些易出错的属性。为了避免这些问题，最好遵守数据集和规则集的一些语法限制，即相容性、分层性和安全性。

当且仅当满足如下条件时，规则集才与数据集兼容。

（1）数据集和规则集之间共享的所有符号具有相同的类型（符号、构造函数、谓词）；

（2）所有构造函数和谓词具有相同的属性；

（3）数据集中没有一个谓词出现在规则集中任何规则的头部。

7.3　语义

由于子目标中可能出现视图谓词，视图定义的语义比查询的语义更为复杂。因此，我们采用略微不同的方法。

为了定义将一组"视图定义"应用于数据集的结果，我们首先将数据集中的事实与定义视图的规则组合成一组事实和规则，以下称为封闭逻辑程序，然后定义该封闭逻辑程序的扩展如下。

封闭逻辑程序的海尔勃朗全域是由程序中的符号和构造函数构成的所有基本项的集合。对于没有构造函数的程序，海尔勃朗全域是有限的（例如只有符号）。对于有构造函数的程序来说，海尔勃朗全域是无限的，即包括了符号和所有由这些符号组成的复合项。

封闭逻辑程序的海尔勃朗基是由程序中的常量构成的所有原子的集合。换句话说，它是 $r(t_1, \cdots, t_n)$ 形式的所有事实的集合，其中 r 是 n 元谓词，$t_1, \cdots, t_n$ 是基本项。

封闭逻辑程序的解释是程序的海尔勃朗基的任意子集。与数据集一样，这里的想法是假定解释中的仿真事实为"真"，而那些没有包括在内的仿真事实为"假"。

封闭逻辑程序的模型是满足程序要求的解释。我们通过两个步骤来定义满意度：首先，处理基本规则的情况，然后再处理任意规则。

一个解释 Γ 满足一个基本原子 ϕ，当且仅当 ϕ 是在 Γ 中。Γ 满足基本否定 $\sim\phi$，当且仅当 ϕ 不在 Γ 中。Γ 满足基本规则 $\phi:-\phi_1 \& \cdots \& \phi_n$ 当且仅当它满足 $\phi_1, \cdots, \phi_n$ 时满足。

封闭逻辑程序中规则的一个实例是一个规则，其中所有的变量都被海尔勃朗全域中的项一致地替换，即可以从程序的词汇表中形成的一组基本项。如前所述，一致性替换意味着，如果一个变量在一个语句中的出现被一个给定的项替换，那么该语句中所有该变量的出现都被同一个项替换。

利用实例的概念，我们可以定义任意封闭逻辑程序（有或没有变量）的满意度概念。当且仅当一个解释 Γ 满足任意封闭逻辑程序 Ω 中每个语句的每个基本实例时，它才满足该封闭逻辑程序。

作为这些概念的一个示例，请考虑下面所示的数据集。

```
p(a,b)
p(b,c)
p(c,d)
p(d,c)
```

假设我们有以下视图定义。

```
r(X,Y) :- p(X,Y) & ~p(Y,X)
```

下面的解释满足了由数据集和规则集组成的封闭逻辑程序。数据集中的所有事实都包含在解释中，我们的规则所要求的每个结论也包含在内。

```
p(a,b)
p(b,c)
p(c,d)
p(d,c)
r(a,b)
r(b,c)
```

相比之下，下面的解释不能满足程序。左边的那个缺少规则的结论；中间的那个缺少数据集中的事实；右边的那个虽满足规则，但不包含数据集中的所有事实。

p(a,b)	r(a,b)	p(a,b)
p(b,c)	r(b,c)	p(b,c)
p(c,d)		p(c,d)
p(d,c)		r(a,b)
		r(b,c)
		r(c,d)

另一方面，上面显示的模型（这三个非模型之前的解释）并不是唯一有效的解释。一般来说，一个封闭逻辑程序可以有多个模型，这意味着可以有多种方法来满足程序中的规则。下面的解释也满足了我们的封闭逻辑程序。

p(a,b)	p(a,b)	p(a,b)
p(b,c)	p(b,c)	p(b,c)
p(c,d)	p(c,d)	p(c,d)
p(d,c)	p(d,c)	p(d,c)
r(a,b)	r(a,b)	r(a,b)
r(b,c)	r(b,c)	r(b,c)
r(c,d)	r(d,c)	r(c,d)
		r(d,c)

这似乎很奇怪，因为在我们的解释中没有理由包括 r(c,d) 或 r(d,c)。另一方面，考虑到我们对满足性的定义，没有理由不包括它们。

这似乎是错误的原因是，我们通常希望我们的定义是"当且仅当"。我们希望在我们的结论中只包括那些必须为真的事实。（1）我们数据集中的所有仿真事实都必须是为真；（2）我们的规则所要求的所有仿真事实必须为真；（3）所有其他仿真事实都应被排除。

这是所谓逻辑蕴涵的经典定义。当且仅当一个封闭逻辑程序在每个程序模型中都正确时，逻辑上必须包含一个仿真事实，即结论集是程序中所有模型的交集。

确保逻辑蕴涵的一种方法是将所有满足我们程序的解释进行交集运算。这保证了我们只能得到那些在每个模型中都是正确的结论。例如，如果取上面三个模型的交集，我们将得到原来的模型。

另一种方法是专注于最小模型。一个逻辑程序 Γ 的模型 Ω 是最小的，当且仅当这个模型 Ω 没有适当的 Γ 的子集。如果一个封闭逻辑程序只有一个最小模型，那么这个最小化保证了逻辑蕴涵。例如，上面给出的第一个模型是最小的，并且该模型中的每个仿真事实都必须出现在程序的每个模型中。

许多封闭逻辑程序都有唯一的最小模型。例如，一个不包含任何否定的封闭逻辑程序有且只有一个最小模型。不幸的是，带有否定项的封闭逻辑程序可以有多个最小模型。

消除这种歧义的一种方法是把注意力集中在半正程序上，或者关于否定的分层程序上。我们定义这些类型的程序，并在接下来的两节讨论它们的语义。

7.4 半正程序

半正程序是否定只适用于基本关系的程序，即不存在具有否定视图的子目标。

通过定义"将程序中的视图定义应用于程序数据集中的事实"，可以对半正程序的语义进行形式化。我们使用"扩展"(extension) 这个词来表示所有事实的集合，这些事实可以通过这种方式"推断"出来。

表达式（原子、文字或规则）的实例是所有变量都一致地被基本项替换的实例。例如，如果我们有一个具有对象常量 a 和 b 的语言，那么 r(a):-p(a,a)、r(a):-p(a, b)、r(b):-p(b, a) 和 r(b):-p(b,b) 都是 r(X):-p(X,Y) 的实例。

根据这个概念，我们将单个规则应用于数据集的结果定义如下：给定一个规则 r 和一个数据集 Δ，设 $v(r, \Delta)$ 是所有 Ψ 的集合：（1）Ψ 是 r 的任意实例的头；（2）实例中的每个正子目标都是 Δ 的成员；（3）实例中没有负子目标是 Δ 的成员。

使用这个概念，我们定义了重复应用单层规则 Ω 到数据集 Δ 的结果如下。考虑如下递归定义的数据集序列。$\Gamma_0 = \Delta$, $\Gamma_{n+1} = \cap\, v(r, \Gamma_0 \cdots \Gamma_n)$, $r \in \Omega$。在该序列中，Δ 上 Ω 的闭包是该序列中数据集的并集，即 $C(\Omega, \Delta) = \cap\, \Gamma_i$。

为了阐述我们的定义，让我们从描述一个小的有向图的数据集开始。在下面的语句中，我们使用 edge 谓词来记录一个特定图形的弧线。

```
edge(a,b)
edge(b,c)
edge(c,d)
edge(d,c)
```

现在，让我们写一些规则来定义图中节点上的各种关系。在此，关系 p 对于具有出弧的节点为真。两个节点的关系 q 为真，当且仅当"从第一个节点到第二个节点有一条边"或"从第二个节点到第一个节点有一条边"。两个节点之间的关系 r 为真，当且仅当"从第一个节点到第二个节点有一条边"和"从第二个节点到第一个节点有一条边"。关系 s 是"edge 关系"的传递闭包。

```
p(X) :- edge(X,Y)
q(X,Y) :- edge(X,Y)
q(X,Y) :- edge(Y,X)
r(X,Y,Z) :- edge(X,Y) & edge(Y,Z)
s(X,Y) :- edge(X,Y)
s(X,Z) :- edge(X,Y) & s(Y,Z)
```

我们通过将数据集初始化为上面列出的 edge 事实来开始计算。

```
edge(a,b)
edge(b,c)
edge(c,d)
edge(d,c)
```

查看 p 规则并以各种可能的方式将其子目标与数据集中的数据进行匹配，我们发现可以添加以下事实。在这种情况下，图中的每个节点都有一条输出边，因此每个节点都有一个 p 事实。

```
p(a)
p(b)
p(c)
p(d)
```

查看 q 规则并以各种可能的方式将其子目标与数据集中的数据进行匹配，我们发现可以添加以下事实。在这种情况下，我们最终得到了原图的对称闭包。

```
q(a,b)
q(b,a)
q(b,c)
```

```
q(c,b)
q(c,d)
q(d,c)
```

查看 r 规则，并以各种可能的方式将子目标与数据集中的数据进行匹配，我们发现可以添加以下事实。

```
r(c,d)
r(d,c)
```

最后，查看 s 的第一条规则，并以各种可能的方式将其子目标与数据集中的数据进行匹配，我们发现可以添加以下事实。

```
s(a,b)
s(b,c)
s(c,d)
s(d,c)
```

然而，我们还没有完成。有了刚刚添加的事实，我们可以使用第二个规则推导出以下额外的数据。

```
s(a,c)
s(b,d)
s(c,c)
s(d,d)
```

这样做之后，我们可以再次使用 s 规则，并且可以推导出以下事实。

```
s(a,d)
```

此时，应用于此数据集的任何规则都不会产生任何不在集合中的结果，因此进程将终止。由此产生的 25 个事实的集合是这个程序的扩展。

7.5　分层程序

我们说，一组视图定义是分层的，当且仅当它的规则可以按如下方式划分成层次：（1）每个层包含至少一个规则；（2）定义了"出现在一个规则的正子目标中的关系"的这些规则，它们出现在同一层，或出现在更低层；（3）定义了"出现在一个规则的负子目标中的关系"的这些规则，出现在某一低层（不是同层）。

作为一个示例，假设我们有一个一元关系 p，它适用于某个应用领域中的所有对象，并且假设 q 是一个任意的二元关系。现在，考虑下面的规则集。前两个规则将 r 定义为 q 的传递闭包，第三个规则定义 s 是传递闭包的补集。

```
r(X,Y) :- q(X,Y)
r(X,Z) :- q(X,Y) & r(Y,Z)
s(X,Y) :- p(X) & p(Y) & ~r(X,Y)
```

这是一个复杂的规则集，但是很容易看出它是分层的。前两条规则根本不包含否定，因此我们可以把它们归为最底层。第三个规则有一个包含一个关系的负子目标，该关系定义在最底层。因此，我们把它放在这个关系之上的一个层中，如下所示。这个规则集满足我们定义的条件，因此它是分层的。

层	规则
2	s(X,Y) :- p(X) & p(Y) & ~r(X,Y)
1	r(X,Y) :- q(X,Y) r(X,Z) :- q(X,Y) & r(Y,Z)

通过比较，考虑以下规则集。这里，关系 r 是用 p 和 q 定义的，关系 s 是用 r 和 s 的否定定义的。

```
r(X,Y) :- p(X) & p(Y) & q(X,Y)
s(X,Y) :- r(X,Y) & ~s(Y,X)
```

没有办法以满足上述定义的方式将这个规则集的规则划分为层次。因此，这个规则集不是分层的。

非分层规则集的问题在于存在潜在的模糊性。作为一个示例，我们考虑上面的规则，并假设我们的数据集也包括事实 p(a)、p(b)、q(a,b) 和 q(b,a)。从这些事实中，我们可以得出 r(a,b) 和 r(b,a) 都是正确的结论。到目前为止，一切顺利。但我们能对 s 做些什么呢？如果我们认为 s(a,b) 为真，s(b,a) 为假，那么第二个规则就满足了。如果我们认为 s(a,b) 为假，而 s(b,a) 为真，那么第二个规则也是满足的。结果就是 s 存在模糊性。通过专注于分层的逻辑程序，我们避免了这种模糊性。

虽然有时可以用不止一种方式对规则进行分层，但这并不会引起任何问题。只要一个程序是关于否定的分层，那么刚刚给出的定义就产生相同的扩展，无论使用哪种分层。

最后，我们按如下方式定义数据集 Δ 上的规则集 Ω 的扩展。这个定义依赖于将 Ω 分解成 Ω_1 层，…，Ω_k 层。由于在一个封闭逻辑程序的规则有限，而且每个层必须至少包含一个规则，因此只需考虑有限多个集合（尽管集合本身可能是无限的）。考虑到这一点，让 $\Delta_0 = \Delta$，让 $\Delta_{n+1} = \Delta_n \cap C(\Omega_{n+1}, \Delta_n)$。具有 k 层的程序扩展就是 Δ_k。

任何没有构造函数的封闭逻辑程序的扩展必须是有限的。同样，任何非递归封闭逻辑程序的扩展必须是有限的。在这两种情况下，都可以在有限的时间内计算扩展。事实上，可以证明计算成本是数据集大小的多项式。

在没有构造函数的递归程序中，结果仍然有限。无论如何，计算扩展的成本可能是数据大小的指数，但结果可以在有限的时间内计算出来。

对于带有构造函数的递归程序，扩展可能是无限的。在这种情况下，扩展仍然是定义良好的；并且，尽管我们不能在有限的时间内生成整个扩展，但是如果扩展中有一个仿真事实，则可能生成。

前面的部分说明了我们计算半正程序扩展的方法。我们现在扩展我们的示例来展示如何计算分层程序的扩展。

假设我们将下面所示的规则添加到上一节中的程序中。这里的关系 t 是 edge 关系的传递闭包的补集。

```
t(X,Y) :- p(X) & p(Y) & ~s(X,Y)
```

因为这个规则包含一个否定关系，它必然会出现在一个比 s 关系更高的层次上，所以我们在处理完 s 之后才计算出结论。

在这种情况下，有 16 种方法可以满足我们规则的前两个子目标；而且，正如我们在前一节中看到的，其中有 9 种方法可以满足规则的关系。结果是剩下的 7 个事实满足了 t 关系。因此，我们可以把这些加到我们的扩展中。

```
s(a,a)
s(b,a)
s(b,b)
s(c,a)
s(c,b)
s(d,a)
s(d,b)
```

请注意，若存在具有否定子目标的规则时，有时可以用多种方式对规则进行分层，且不会引起任何问题。

只要程序按照否定进行分层，那么无论使用哪种分层，刚才给出的定义都会产生相同的数据集。因此，任何安全的分层逻辑程序只有一个扩展。

7.6 习题

7.1 请说明下面的每个表达式是否是语法上的合法视图定义。

(a) r(X,Y) :- p(X,Y) & q()

(b) r(X,Y) :- p(X,Y) & ~q(Y,X)

(c) ~r(X,Y) :- p(X,Y) & q(Y,X)

(d) p(X,Y) & q(Y,X) :- r(X,Y)

(e) p(X,Y) & ~q(Y,X) :- r(X,Y)

7.2 假设我们有一个具有两个符号 a 和 b 以及两个一元关系 p 和 q 的数据集，其中所有可能的事实都为真，即数据集是 {p(a),p(b),q(a),q(b)}。假设我们有一个封闭逻辑程序，由这个数据集和规则 r(X):-p(X)&~q(X) 组成。

(a) 这个程序有多少种解释？

(b) 它有多少个模式？

(c) 它有多少个最小模式？

7.3 请说明下面的每一个规则集是否分层。

(a) r(X,Y) :- p(X,Y) & ~q(Y,X)

　　r(X,Y) :- p(X,Y) & ~q(X,Y)

(b) r(X,Z) :- p(X,Z) & q(X,Z)

　　r(X,Z) :- r(X,Y) & ~r(Y,Z)

(c) r(X,Z) :- p(X,Z) & ~q(X,Z)

　　r(X,Z) :- r(X,Y) & r(Y,Z)

7.4 若 r 是 r(X,Y):-p(X,Y)&p(Y,X)，Δ 是如下所示的数据集。请问，v(r, Δ) 是多少？

p(a,a)
p(a,b)
p(b,a)
p(b,c)

7.5 若 Ω 是 {r(X,Z) :- p(X,Z), r(X,Z) :- r(X,Y) & r(Y,Z)}，Δ 是如下所示的数据集。求 c(Ω,Δ)。

p(a,a)

```
p(a,b)
p(b,a)
p(b,c)
```

7.6 若 Ω_1 是 {q(X) :- p(X,Y)}，Ω_2 是 {r(X,Y) :- p(X,Y) & ~q(Y)}，Δ 是如下所示的数据集。请问，Ω_1 层和 Ω_2 层的扩展是多少？

```
p(a,b)
p(a,c)
p(b,d)
p(c,d)
```

视图评估

8.1 引言

在第 7 章，我们定义了以建设性的方式将分层逻辑程序应用于数据集的结果——从数据集开始，然后依次应用程序的分层产生的程序作为一个整体的扩展。这个定义很容易转化为一个实用的方法来计算此类扩展，称为自底向上的评估。

虽然一些逻辑程序设计系统中使用了自底向上的计算方法，但是许多评估引擎仍使用自顶向下的方法来回答问题。这种引擎不是从数据开始向上工作，而是从要回答的问题开始向下工作，使用一定规则将目标减少为子目标，直到完全达到根据基本关系编写的子目标为止。

这样做的好处是，这种评估引擎避免产生大量与当前问题无关的结论。更重要的是，在有无数种可能的结论的情况下，它们通常不需要做很多工作就能找到特定问题的答案。

自顶向下评估的一个缺点是，对于一些人来说，它比自底向上的评估方法更难理解。如果规则写得不好，程序还存在无限循环的可能。但是，通过学习并理解程序的工作原理，可以将这种问题最小化或者消除。只要稍微熟悉一下自顶向下的方法的工作流程就可以帮助我们理解程序是如何工作的，也可以帮助我们避免编写错误的规则。

在本章，我们将介绍一种特殊的自顶向下的评估程序。我们首先定义了一个自顶向下的回溯方法来处理没有变量的目标和规则。然后我们介绍一下将程序统一的关键过程。最后，我们把两者按照自顶向下的顺序结合在一起以实现任意的目标和规则。

8.2   基础目标和规则的自顶向下处理

在本节中，我们将重点关注没有变量的目标和规则，从而开始对自顶向下的评估进行讨论。在 8.3 节中，我们将介绍一种比较包含变量的表达式的方法。在 8.4 节中，我们将展示如何将该技术与这里描述的过程相结合，从而产生一个针对任意目标和规则的评估程序。

自顶向下的评估是一个递归过程。我们从一个需要"证明"的目标开始，我们要么直接证明该目标，要么将该目标简化为一个或多个子目标，然后尝试证明这些子目标。我们处理目标的方式取决于所给目标的类型。

1. 如果目标是一个原子，而目标中的谓词是一种基本关系，那么我们只需检查目标是否包含在数据集中。如果它存在，我们就成功了。如果没有，我们将失败。

2. 如果目标是否定的文字，我们将根据否定参数执行程序。如果我们成功地证明了这个结论，那么整个否定结论就是错误的，这个程序就失败了。如果我们不能证明这个结论，那么整个否定就是正确的，这样我们就成功了。

3. 如果我们的目标是文字的合取式，我们首先在第一个合取项上执行程序。如果我们成功地证明了这个目标，我们继续证明下一个合取项，以此类推，直到我们完成为止。如果我们不能证明其中的任何一个子目标，那么我们就不能证明整个合取式。

4. 如果目标是一个原子，而目标中的谓词是视图关系，那么我们以目标为头部，检查所有的规则。对于每个这样的规则，我们在规则的主体上执行我们的程序。当且仅当我们能够在某个规则的主体上成功时，我们才能实现我们的目标；否则，我们就失败了。

例如，请观察下面左侧所示的数据集和右侧所示的规则集。有三个基本关系 -p，q，r；还有两个视图关系 -s 和 t。

```
p(a)        s(b) :- p(a) & q(b) & r(c)
q(a)        s(b) :- p(a) & ~q(b) & ~t(c)
r(a)        t(c) :- r(c)
            t(c) :- r(d)
```

现在，假设我们被问及是否评估目标 s(b)。由于 s 是一个视图关系，因此我们要检查头部包含 s(b) 的规则，并在这些规则的主体上一个接一个地执行程序，直到找到成功的规则为止。

使用 s(b) 的第一个规则，我们将目标简化为合取式 (p(a)&q(b)&r(c)) 并评估这个子目标。由于 p 是一个基本关系，我们只需检查数据集中的合取项 p(a)。因为 p(a) 在数据集中，所以子目标的值为"真"，我们转到第二个合取项 q(b)。因为 q 是一个基本关系，我们再次检查数据集的合取项 q(b)。不幸的是，在这种情况下我们失败了，因为 q(b) 不是数据集的成员。在这一位置上，我们终止对合取式的处理。（因为整个合取式是错误的，所以检查 r(c) 没有任何意义。）

由于未能证明第一个规则的主体，我们转向第二个规则并再次尝试，这次以 p(a)&~q(b)&~t(c) 为目标。和以前一样，我们发现 p(a) 为真，然后我们继续第二个合取项。在这种情况下，我们有一个否定，因此我们执行 q(b) 上的递归过程。和以前一样，我们失败了。因此，子目标 ~q(b) 为真。这次我们继续并执行 ~t(c) 上的程序。由于 t 是视图关系，我们在头部包含 t(c) 的规则的主体上执行这个过程。在这种情况下，我们首先尝试 r(c) 失败了；然后我们尝试 r(d) 再次失败。在使用完定义 t(c) 的所有规则之后，我们未能证明 t(c)。这意味着否定 ~t(c) 为真。结果就是合取式 (p(a)&~q(b)&~t(c)) 为真，因此我们的总体目标 s(b) 为真。

8.3 合一

合一是确定两个表达式是否可以统一的过程，即通过对它们的变量进行适当的替换使它们相等。正如我们将要看到的，做出这种决策是自顶向下评估方法的一个重要组成部分。

替换是变量到项的有限映射。在下面的内容中，我们将替换写成一组替换规则集，如下所示。在每个规则中，箭头所指向的变量将被箭头所指向的项替换。在这种情况下，X 被 a 取代，Y 被 f(b) 取代，Z 被 V 取代。

$$\{X \leftarrow a, Y \leftarrow f(b), Z \leftarrow V\}$$

被替换的变量一起构成替换的域，替换它们的项构成替换的范围。例如，在前面的替换中，域是 {X,Y,Z}，范围是 {a,f(b),V}。

对表达式 ϕ 应用替换 σ 的结果是表达式 $\phi\sigma$，只要替换域中每个变量出现时都将其替换为与之关联的术语，我们就可以得到从原始表达式获得的新的表达式。

$$q(X,Y)\{X\leftarrow a, Y\leftarrow f(b), Z\leftarrow V\} = q(a,f(b))$$
$$q(X,X)\{X\leftarrow a, Y\leftarrow f(b), Z\leftarrow V\} = q(a,a)$$
$$q(X,W)\{X\leftarrow a, Y\leftarrow f(b), Z\leftarrow V\} = q(a,W)$$
$$q(Z,V)\{X\leftarrow a, Y\leftarrow f(b), Z\leftarrow V\} = q(V,V)$$

给定两个或两个以上的替换，可以定义一个具有与按顺序应用这些替换效果相同的替换。例如 $\{X\leftarrow a, Y\leftarrow U, Z\leftarrow V\}$ 和 $\{U\leftarrow d, V\leftarrow e\}$ 可以结合形成单一的替换 $\{X\leftarrow a, Y\leftarrow d, Z\leftarrow e, U\leftarrow d, V\leftarrow e\}$，当应用于其他任何表达式时，它与前两个替换具有相同的效果。

计算替换 σ 和替换 τ 的组合是很容易的。有两个步骤。首先，我们将 τ 应用于 σ 的范围；然后我们将 τ 中不同域变量的所有的对邻接到 σ。

例如，思考下面所示的示例。在第一个方程的右边，我们将第二个替换应用于第一个替换中的替换。

在第二个等式中，我们将这个新替换的规则与第二个替换的非冲突规则结合起来。

$$\{X\leftarrow a, Y\leftarrow U, Z\leftarrow V\}\{U\leftarrow d, V\leftarrow e, Z\leftarrow g\}$$
$$= \{X\leftarrow a, Y\leftarrow d, Z\leftarrow e\}\{U\leftarrow d, V\leftarrow e, Z\leftarrow g\}$$
$$= \{X\leftarrow a, Y\leftarrow d, Z\leftarrow e, U\leftarrow d, V\leftarrow e\}$$

当且仅当 $\phi\sigma = \psi\sigma$ 时，σ 是表达式 ϕ 和表达式 ψ 的合一子，即将 σ 应用于 ϕ 的结果与将 σ 应用于 ψ 的结果相同。如果两个表达式有一个合一子，则称它们是统一的。

表达式 $p(X,Y)$ 和 $p(a,V)$ 有合一子（如 $\{X\leftarrow a, Y\leftarrow b, V\leftarrow b\}$），因此，它们是可以统一的。如下所示将此替换应用到这两个表达式的结果。

$$p(X,Y)\{X\leftarrow a, Y\leftarrow b, V\leftarrow b\} = p(a,b)$$
$$p(a,V)\{X\leftarrow a, Y\leftarrow b, V\leftarrow b\} = p(a,b)$$

注意，尽管这个替换是两个表达式的合一子，但它不是唯一的合一子。我们不需要用 b 代替 Y 和 V 来统一这两个表达式。我们同样可以替换 c 或 f(c) 或 f(w)。事实上，我们可以在不改变 V 的情况下统一表达式，只需用 V 替换 Y 即可。

在考虑这些替代方法时，我们应该清楚地知道，有些替代方法比其他替代方法更为普遍。当且仅当存在另一个替代 δ，如 $\sigma\delta = \tau$ 时，我们说替代 σ 和替代 τ 一样普遍，或者比替代 τ 更普遍。例如，替换 $\{X \leftarrow a, Y \leftarrow V\}$ 比 $\{X \leftarrow a, Y \leftarrow c, V \leftarrow b\}$ 更通用，因为存在一个替换 $\{V \leftarrow c\}$，当它应用到前者时，就能得到后面的结论。

$$\{X \leftarrow a, Y \leftarrow V\}\{V \leftarrow c\} = \{X \leftarrow a, Y \leftarrow c, V \leftarrow c\}$$

在自顶向下的评估中，我们只对具有最大通用性的合一子感兴趣。两个表达式中最通用的合一子具有这样的特性：它比任何其他的合一子都通用。

尽管两个表达式可能具有多个最通用的合一子，但这些最通用的合一子在结构上都是相同的，即它们在变量重命名之前都是唯一的。例如，$p(X)$ 和 $p(Y)$ 可以通过替换 $\{X \leftarrow Y\}$ 或替换 $\{Y \leftarrow X\}$ 来统一；这些替换中的任何一个都可以通过应用第三次替换获取。对于前面提到的替换而言，情况并非如此。

我们的语言有一个优点，那就是有一个简单且廉价的程序来计算任意两个表达式中最通用的合一子（如果存在的话）。

该过程假定表达式表示为子表达式序列。例如，表达式 $p(a,b,Z)$ 可以看作是一个有四个元素的序列，即谓词 p、符号 a、符号 b 和变量 Z。

该过程还假定这两个表达式没有共同的变量。正如我们在下一节中将要学习的，我们可以通过重命名其中一个表达式中的变量来确保这一点。

我们用两个表达式和一个替换开始这个过程，这个替换最初是空替换。然后我们递归地处理这两个表达式，比较每个点上的子表达式。在这个过程中，我们用变量赋值来扩展替换，如下所述。如果在这个过程中的任何一节点上，我们不能统一任何一对子表达式，那么整个过程就会失败。如果我们完成对这个表达式的递归比较，那么整个过程就成功了，此时累积的替换是最通用的合一子。

在比较两个子表达式时，我们首先分别将替换应用于两个表达式；然后对这两个修改后的表达式执行以下过程。

1. 如果一个表达式是符号，而另一个表达式是相同的符号，则该过程成功，并返回未修改的替换作为结果。

2. 如果一个表达式是符号，而另一个表达式是不同的符号或复合表达式，则过程将失败。

3. 如果一个表达式是变量，而另一个表达式是相同的变量，那么该过程成功，返回未修改的替换作为结果。

4. 如果至少有一个表达式是变量，而另一个表达式是任何其他表达式，我们将进行如下操作。首先，我们检查另一个表达式是否包含变量。如果另一个表达式中存在变量，我们将失败（原因如下）。否则，我们将替换更新为旧替换和新替换的组合，在新替换中我们将变量绑定到第二个修改后的表达式。

5. 如果这两个表达式是相同长度的序列，我们就会迭代这两个表达式，进行如上所述的比较。

6. 如果表达式是不同长度的复合表达式，则过程将失败。

作为此操作过程的一个示例，考虑用初始替换 {} 计算表达式 p(X,b) 和 p(a,Y) 的最通用的合一子。下面显示了这种情况下该过程的执行轨迹。我们用一行标记为"Compare"的代码展示了一个比较的开始，以及被比较的表达式和输入替换。我们用一行标记为"Result"的代码显示每次比较的结果（如果成功则替换成功，失败则返回"假"），缩进显示了过程的递归深度。

```
Compare: p(X,b), p(a,Y), {}
    Compare: p, p, {}
    Result: {}
    Compare: X, a, {}
    Result: {X←a}
    Compare: Y, b, {X←a}
    Result: {X←a, Y← b}
Result: {x←a, y←b}
```

另一个示例，考虑统一表达式 p(X,X) 和表达式 p(a,Y) 的过程。轨迹如下所示。这个示例的主要目的在于比较两个表达式中的最后一个参数，即 X 和 Y。当我们到达这一点时，X 被绑定到 a 上，因此我们递归地调用 a 和 Y 上的过程，这导致 Y 与 a 的绑定。

```
Compare: p(X,X), p(a,Y), {}
    Compare: p, p, {}
    Result: {}
    Compare: X, a, {}
    Result: {X←a}
    Compare: X, Y, {X←a}
        Compare: a, Y, {X← a}
```

Result: {X←a, Y← a}
　　Result: {X←a, Y← a}
Result: {X←a, Y←a}

合一过程中一个值得注意的地方是在变量绑定到表达式之前要测试变量是否出现在表达式中。该测试称为发生检查，因为它用于检查变量是否在与其统一的术语中出现。例如，在尝试统一 p(X,X) 和 p(Y,f(Y)) 时，我们不希望将 Y 绑定到 f(Y)，因为这些表达式永远不可能通过在整个表达式中一致地替换和给 Y 赋值来使其变得相似。

8.4　非基础查询和规则的自顶向下处理

通过合一，我们可以将自顶向下的基础查询和规则评估过程转换为任意查询和规则的评估过程。这里有三个显著的变化。（1）程序始于一个目标和一个替代；（2）不是检查"一个目标和一个仿真事实"或"规则头部"是否相同，而是检查它们是否可以统一；（3）过程不是从每个递归调用返回一个布尔值，而是返回一个使给定目标为"真"的替换，并在处理剩余子目标时使用这个替换。过程的步骤如下所述。

1. 如果目标中的谓词是一个基本关系，那么我们将迭代数据集，依次将目标与每个仿真事实进行比较。如果给定替代的扩展将目标和仿真事实联系在一起，则将扩展的替代添加到答案列表中。一旦我们检查完所有相关的仿真事实，我们将返回在此过程中累积的替代物列表。（如果我们没有找到任何与目标一致的仿真事实，就返回一个空的列表。）

2. 如果我们的目标是否定的文字，我们将根据否定和给定的替换参数执行该过程。如果结果为空，我们返回一个包含给定替换的单例列表。否则，我们返回空列表，表明无法证明该否定。

3. 如果我们的目标是文字的合取式，则我们首先在第一个合取项和给定的替换上执行过程，以获得满足该合取项的替换列表。然后我们迭代替换列表，依次递归调用剩余的连接词的过程。我们从这些递归调用中收集答案。我们将这些答案的列表作为过程的值返回。

4. 如果我们的目标是一个原子，而谓词是一个视图关系，那么我们在程序中迭代这些规则。我们首先复制每个规则，用新的变量替换变量（为了避免与目标中的变量发生冲突）。然后，我们尝试为给定的目标找到一个最通用的合一子，并从给定的替换开始找到规则的头部。如果成功，我们将在规则主体和结果合一子上递归调用该过程。我们将这个递归调用返回的所有替换添加到我们的输出列表中。当我们检查完所有的规则后，我们返回这个过程中收集到的替换。

再次考虑我们前面看到的数据集（在下面的左侧重复），并思考一下一些对象常量被变量替换的逻辑程序的版本（如下面的右侧所示）。

```
p(a)        s(X) :- t(X) & ~r(X)
p(b)        s(X) :- p(X) & ~q(X) & ~t(c)
p(c)        t(X) :- p(X) & q(X)
q(b)        t(X) :- r(X)
r(c)
```

为了查看我们的过程的运行情况，让我们从一个简单的案例开始。假设我们想要找到同时出现在关系 p 和关系 q 中的所有对象。我们调用我们的过程 p(X) & q(X) 作为目标，空替换 {} 作为初始替换。因为我们的目标是一个合取式，所以我们首先在 p(X) 和 {} 上递归地调用这个过程。我们的目标 p(X) 和初始替换 {} 统一了数据集中的三个 p 仿真事实，因此递归调用的结果是结果替换的列表，即 {X ← a}、{X ← b} 和 {X ← c}。对于这些替换，我们在第二个合取项 q(X) 上递归调用这个过程。在给定 {X ← a} 替换的情况下，没有与 q(X) 统一的仿真事实表达式，因此在这种情况下，我们返回空列表。在第二种情况下，我们比较幸运。q(X) 和 q(b) 在给定替换 {X ← b} 的情况下是统一的，因此我们返回一个包含该替换的列表。第三种情况类似于第一种情况，因为没有统一的仿真事实，所以我们再次得到一个空列表。在检查了第一个合取项的答案的第二个合取项之后，我们返回过程中积累的替换列表，在这个示例中是由单个替换 {X ← b} 组成的列表。

作为一个更有趣的示例，假设我们想要计算目标 s(X)，也就是说我们想要满足 s 关系的所有对象。我们用 s(X) 和空替换 {} 来调用我们的过程。因为 s 是一个视图关系，所以我们检查 s 出现在头部的规则。我们复制产生新规则 s(X1) 的第一个规则：s(X1) :- p(X1) & q(X1) & r(c)，并尝试将我们的目标与该规则的头部统一起来。在这种情况下，我们成功地替换了 {X ← X1}。然后我们像以前一样递归地调用规则主体上的过程和这个替换，最后得到一个包含单个替换 {X ← X1，X1 ← b} 的最终答案。

刚才描述的过程计算给定查询的所有答案。如果我们只需要几个答案，我们可以使用"流水线"版本的算法，每次只返回一个答案。当处理一个规则时，一旦我们有了一个单一的答案，我们就检查该解决方案是否为剩余子目标的答案，而不是在继续操作之前计算子目标的所有答案。如果答案符合，我们返回这个答案。如果没有，我们将为子目标生成另一个答案，然后再试一次。

8.5 习题

8.1 假设我们要在下面显示的数据集和右边显示的规则集上运行自顶向下的评估方法。评估 s(b) 需要访问数据集多少次。（每查找一个仿真事实都为一次访问。）

```
p(a)          s(b) :- p(a) & q(b) & r(c)
q(a)          s(b) :- p(a) & ~q(b) & ~t(c)
r(a)          t(c) :- r(c)
              t(c) :- r(d)
```

8.2 对于下列每一对句子，请说明这些句子是否是统一的，并给出一个最通用的合一子。

(a) p(X,X) and p(a,Y)

(b) p(X,X) and p(f(Y),Z)

(c) p(X,X) and p(f(Y),Y)

(d) p(f(X,Y),g(Z,Z)) and p(f(f(W,Z),V),W)

8.3 假设我们要对下面显示的数据集和右边显示的目标为 r(a,d) 的规则集运行自顶向下的计算方法。按照处理的顺序和结果显示子目标的轨迹。

```
p(a,b)          r(X,Z) :- p(X,Z)
p(a,c)          r(X,Z) :- p(X,Y) & p(Y,Z)
p(c,d)
```

示　例

9.1　引言

在本章，我们将学习视图定义的简单示例。这里的示例很简单，不涉及构造函数或复合项。在接下来的章节中，我们将看到更复杂的示例，在这些示例中，构造函数和复合项扮演着重要的角色。

9.2　示例——亲属关系

为了说明规则在定义视图中的作用，再次考虑亲属关系。从一些基本关系开始，我们可以定义各种有趣的视图关系。

例如，下面的第一句话用 parent 和 male 来定义 father。第二句用 parent 和 female 来定义 mother。

```
father(X,Y) :- parent(X,Y) & male(X)
mother(X,Y) :- parent(X,Y) & female(X)
```

下面的规则根据父母关系定义了祖父关系。如果 X 是 Y 的父亲，Y 是 Z 的父亲，那么 X 是 Z 的祖父。这里的变量 Y 是一个连接第一个子目标和第二个子目标的线程变量，但它本身并不出现在规则的头部。

```
grandparent(X,Z) :- parent(X,Y) & parent(Y,Z)
```

注意，相同的关系可以出现在多个规则的头部。例如，如果 X 是 Y 的父亲，或者 Y 是 Z 的父亲，那么 person 的关系就是真的。注意，在这种情况下，条件是分离的（至少有一个必须为真），而在祖父的示例中条件是合取的（两者都必须为真）。

```
person(X) :- parent(X,Y)
person(Y) :- parent(X,Y)
```

如果 X 是 Z 的父亲，或者如果 X 是 Y 的父亲，Y 是 Z 的祖先，那么 X 是 Z 的祖先。这个示例表明一种关系可能会出现在它自己的定义中。（关于分层限制这种功能的讨论请看下文。）

```
ancestor(X,Y) :- parent(X,Y)
ancestor(X,Z) :- parent(X,Y) & ancestor(Y,Z)
```

一个人在有孩子的情况下称为父母，而没有孩子的人就不称为父母。我们可以用下面的规则来定义这些属性。第一个规则说如果 X 是 Y 的父母，那么 isparent 对于 X 就是"真"。第二条规则指出，如果 X 是一个人，而 X 不是父母，那么 X 就是无子女的。

```
isparent(X) :- parent(X,Y)
childless(X) :- person(X) & ~isparent(X)
```

注意在定义 childless 关系时 isparent 的用法。把无子女规则写成 childless(X) :- person(X) & ~parent(X,Y) 是很诱人的。然而，这是错误的。如果 X 是一个人，并且存在某个 Y 使得 X 是 ~parent(X,Y) 为"真"，那么这将定义 X 为无子女。但是我们要说的是 ~parent(X,Y) 对于所有 Y 都是成立的，定义 isparent 并在 childless 的定义中使用它的否定使我们能够表达这种普遍的量化。

9.3 示例——积木世界

再次考虑第 2 章介绍的积木世界。下面重复前面描述的积木世界场景（见图 9-1）。

图 9-1 积木世界的一种状态

和前面一样，我们使用带有五个符号的词汇来表示场景中的五个积木——a、b、c、d 和 e。我们使用一元谓词 block 声明一个对象是一个积木；使用二元谓词 on 表示一个积木在另一个积木上的事实；使用 above 的方式表示一个积木在另一个积木的上方；使用一元谓词 cluttered 表示一个积木上排有其他积木；使用一元谓词 clear 表示一个积木之上没有任何积木；使用一元谓词 supported 表示一个积木位于另一个积木上；使用一元谓词 table 表示一个积木位于桌面上。

有了这个词汇表，我们可以通过编写基本的原子语句来描述图 9-1 中的场景，这些基本原子语句描述了哪些关系包含哪些对象或一组对象。让我们从 block 开始。这个示例里有五个积木，分别是 a、b、c、d 和 e。

```
block(a)
block(b)
block(c)
block(d)
block(e)
```

这些积木中有一些是在其他积木之上，而另一些不是。下面的句子捕捉到了图 9-1 中的关系。

```
on(a,b)
on(b,c)
on(d,e)
```

我们可以对其他关系做同样的事情。但是有一种更简单的方法。剩下的每个关系都可以用 block 和 on 来定义。这些定义加上我们关于 block 和关系的事实，在逻辑上包含了所有其他的基本关系句或其否定。因此，根据这些定义，我们不需要写出其他的数据。

一个积木满足 cluttered 关系的充要条件是当且仅当它上面有一个积木。一个积木满足 clear 关系，当且仅当它上面没有任何东西。

```
cluttered(Y) :- on(X,Y)
clear(X) :- block(X) & ~cluttered(X)
```

一个积木满足 supported 关系，当且仅当它停留在某个积木上。一个积木满足 table 关系，当且仅当它不在某个积木上。

```
supported(X) :- on(X,Y)
table(X) :- block(X) & ~supported(X)
```

三个积木满足 stack 关系，当且仅当第一个积木在第二个积木上，第二个积木在第三个积木上。

```
stack(X,Y,Z) :- on(X,Y) & on(Y,Z)
```

要正确定义 above 关系有点棘手。当且仅当第一个积木在第二个积木上或者它在另一个积木上时，一个积木在另一个积木上，给定 on 关系的完整定义后，这两个规则决定了一个唯一的 above 关系。

```
above(X,Y) :- on(X,Y)
above(X,Z) :- on(X,Y) & above(Y,Z)
```

用其他关系来定义关系的一个优势是成本。如果我们记录每个对象的信息，并编码 on 关系和其他关系之间的关系，就不需要记录关于这些关系的任何基础关系的句子。

另一个优点是，这些一般性的句子适用于积木世界的场景，而不是这里的图片给出的场景。我们可以创建一个积木世界场景，在这个场景中，我们列出的句子都不是真的，但是这些一般性的定义仍然是正确的。

9.4 示例——模运算

在这个示例中，我们展示了如何定义模运算。在模运算中只有有限的数字。例如，在模为 4 的模算术中，我们只有 4 个整数：0、1、2、3，仅此而已。我们的目标是定义加法。诚然，这是一个适度的目标，但是，一旦我们知道如何做到这一点就可以使用相同的方法来定义其他算术概念。

让我们从数的关系开始，它适用于每一个数。我们可以通过写基础关系句子来完全刻画 number 关系，每个数字对应一个句子。

```
number(0)
number(1)
number(2)
number(3)
```

现在让我们定义 next 关系，对于每个数，它给出下一个更大的数，在到达 3 之后回到 0。

```
next(0,1)
next(1,2)
next(2,3)
next(3,0)
```

模运算的加法表是任意数（除了 3）的常用加法表，当超过 3 时就会回绕。对于这么小的算术，很容易写出加法的基本事实，如下所示。

```
add(0,0,0)    add(1,0,1)    add(2,0,2)    add(3,0,3)
add(0,1,1)    add(1,1,2)    add(2,1,3)    add(3,1,0)
```

```
add(0,2,2)     add(1,2,3)     add(2,2,0)     add(3,2,1)
add(0,3,3)     add(1,3,0)     add(2,3,1)     add(3,3,2)
```

这是一种解决方法，但是我们可以有更好的解决方案。我们可以使用规则来定义 number 和 next 的 add 而无须写出所有事实，然后将这些规则应用于 add 的事实。相关规则如下所示。

```
add(0,Y,Y) :- number(Y)
add(X2,Y,Z2) :- next(X,X2) & distinct(X2,0) & add(X,Y,Z) & next(Z,Z2)
```

首先，我们有一个身份规则。任何数字加 0 都会得到相同的数字。其次，我们有一个后继规则。如果 X2 是 X 的继承者，Z 是 X 和 Y 的和，Z2 是 Z 的继承者，那么 Z2 是 X2 和 Y 的和。

正如前面提到的，这样做的一个好处是有成本优势。通过这些句子，我们不需要写出上面给出的关于 add 的事实。它们都可以通过关于 next 的事实和定义 add 的规则来计算。第二个优势是通用性。对于任意模的运算，我们的句子用 next 来定义 add，而不仅仅是模 4。

9.5　示例——有向图

思考描述有限图和定义这些图的性质的相关问题。让我们从描述一个小的有向图开始。我们使用符号来表示图的节点，使用边关系来表示图的弧线。例如，下面的数据集描述了一个有 4 个节点和 4 条弧线的图形——从 a 到 b 的弧线，从 b 到 c 的弧线，从 c 到 d 的弧线，以及从 d 到 c 的弧线。

```
node(a)
node(b)
node(c)
node(d)

edge(a,b)
edge(b,c)
edge(c,d)
edge(d,c)
```

现在，让我们用一些规则来扩展这个程序，这些规则定义了图中节点上的各种关系。

```
p(X) :- edge(X,X)
q(X,Y) :- edge(X,Y)
q(X,Y) :- edge(Y,X)
r(X,Y,Z) :- edge(X,Y) & edge(Y,Z)
s(X,Y) :- edge(X,Y)
s(X,Z) :- edge(X,Y) & s(Y,Z)
```

在这里，p 关系对于每个自身有弧的节点都是正确的。当且仅当从第一个节点到第二个节点或者从第二个节点到第一个节点有一条边时，关系 q 在两个节点上才是成立的。当且仅当从第一个节点到第二个节点有一条边，从第二个节点到第三个节点有一条边时，关系 r 在三个节点上才是成立的。关系 s 是 edge 关系的传递闭包。

定义整个图的属性通常比定义单个节点的属性更难，因为我们必须确保这些属性适用于图中的所有节点。在这种情况下，我们的诀窍是在图没有所需属性的情况下描述这些情况，然后将所需属性定义为这些情况的否定。

假设我们想要定义自反性的概念。当且仅当每个节点都具有自身的弧线时，这个图是自反的。为了定义这个概念，我们首先要给出非自反图的概念。当且仅当图中存在节点没有自我弧时，这个图是非自反的。根据这个定义，我们可以将自反性定义为对这个属性的否定。

```
nonreflexive :- node(X) & ~edge(X,X)
reflexive :- ~nonreflexive
```

我们也可以使用如下所示的 countofall 聚合来定义这个概念。当且仅当所有带弧的节点的计数为 0 时，图是非自反的。

```
nonreflexive :- evaluate(countofall(X,edge(X,X)),0)
```

使用这种方法，我们不需要像上面那样定义一个辅助关系。但是有些人认为它更复杂，因为它涉及聚合运算符的使用。

9.6 习题

9.1 只有当两个人共有共同的父母时两个人是兄弟姐妹。编写根据父关系定义二元 sibling 关系的规则。（提示：你将需要用到内置的关系 distinct 来获得二元 sibling 的正确定义。）

9.2 根据 parent、male 和 female 的定义来定义二元 uncle 关系和二元 aunt 关系。

9.3 当且仅当两块积木位于相同数量的积木上时，两个积木的高度相同。用积木的形式定义 sameheight 关系，无论积木世界中有多少积木，这种定义方式都是有效的。

9.4 用 number 和 next 关系定义模运算的乘法 mul。为了简化任务，你可以用 number 和 next 来定义额外的谓词。

9.5 考虑一个定义了一元关系 node 和二元基础关系 edge 的有向图。编写规则来确定该图是否是不对称的，即从一个节点到第二个节点有一条弧线，该图不包含从第二个节点到第一个节点的弧线。

9.6 考虑一个定义了一元关系 node 和二元基础关系 edge 的有向图。编写规则来确定图形是否是对称的，即从一个节点到第二个节点有一条弧线，那么从第二个节点到第一个节点也有一条弧线。

9.7 考虑一个定义了一元关系 node 和二元基础关系 edge 的有向图。编写规则来确定该图是否是可传递的，即只要有从 x 到 y 的弧线和从 y 到 z 的弧线，那么就有从 x 到 z 的弧线。

9.8 考虑一个定义了一元关系 node 和二元基础关系 edge 的有向图。编写规则来确定该图是否是无环的，即不存在有连接自身的节点的弧序列。

列表、集合、树

10.1 引言

在本章，我们开始研究涉及构造函数和复合项的视图定义。这里的示例涉及列表以及集合和树的信息化表示。在接下来的章节中，我们将介绍有关动态系统的信息表示形式和元知识的表示形式（即有关信息的表达形式）。

10.2 示例——皮亚诺公理

皮亚诺公理是数学的一个分支，它涉及非负整数、加法函数和小于关系。

皮亚诺公理比模运算更复杂，因为我们可以考虑无限多个对象，例如整数 0，1，2，3，…。由于存在无数个整数，因此我们需要使用无穷多个术语来用我们的语言描述它们。

获取无限多个术语的一种方法是通过扩展词汇表以包含无限多个符号。然而，基于这种方法我们必须写出无限多个句子，这将使定义算术的工作变得复杂且不可实现。

幸运的是有更好的解决方法。比如说，我们可以使用单一符号（例如 0）和单个一元构造函数（例如 s）来表示数字。在这种方法中，我们用符号 0 表示数字 0，并且通过将构造函数 s 精确地应用 n 次来表示其他所有自然数 n。例如，在此次编码中，s(0) 代表 1、s(s(0)) 代表 2、s(s(s(0))) 代表 3，等等。通过这种编码，我们可以自动获得无限数量的基本项。

不过即使使用这种表示法，定义皮亚诺公理也比定义模运算更具挑战性。我们无法写出所有事实来表征加法和乘法等，因为有无限多的情况需要考虑。对于皮亚诺公理，我们必须依赖于视图定义，不仅因为它们成本更低，而且因为它们是我们在有限空间中表征这些概念的唯一方法。

让我们先来看谓词 number。此处显示的规则以 0 和 s 定义数字关系。

```
number(0)
number(s(X)) :- number(X)
```

谓词 next 可容纳任何自然数及其后面的数字。例如，我们有 next(0,s(0)) 和 next(s(0),s(s(0))) 等。可以按照如下所示大致定义下一步。

```
next(X,s(X)) :- number(X)
```

一旦有了定义 number 和 nest，我们就可以定义通常使用的算术关系。例如，以下句子定义 add 关系。任何数字加 0 都将得出该数字本身。如果将数字 X 添加到数字 Y 会生成数字 Z，则将 X 的继承者添加到 Y 会生成 Z 的继承者。

```
add(0,Y,Y) :- number(Y)
add(s(X),Y,s(Z)) :- add(X,Y,Z)
```

使用 next，我们还可以使用类似的方式来定义小于关系。如果 next 保留 X 和 Z，或者如果存在一个数字 Y，使得 Y 是 X 之后的数字，并且 Y 小于 Z，则数字 X 小于数字 Z。

```
less(X,Z) :- next(X,Z)
less(X,Z) :- next(X,Y) & less(Y,Z)
```

在结束对算术的讨论之前，先来了解一下对丢番图（Diophantine）方程的概念，这会为你带来很多启发。多项式方程式是仅使用加法、乘法和具有固定指数（即指数为数字而不是变量）的幂运算组成的句子。例如，下面以传统数学符号表示的表达式是一个多项式方程。

$$x^2 + 2y = 4z$$

自然丢番图方程是将变量限制为非负整数的多项式方程。例如，这里的多项式方程式也是丢番图方程，并且恰好具有非负数的解，即 $x=4$，$y=8$，$z=8$。

丢番图方程可以很容易地用皮亚诺公理中的句子表示。例如，我们可以使用下面显示的规则来表示上面的丢番图方程。

```
solution(X,Y,Z) :-
    mul(X,X,X2) &
    mul(s(s(0)),Y,2Y) &
    mul(s(s(s(s(0)))),Z,4Z) &
    add(X2,2Y,4Z)
```

这虽然有点混乱，但却是可行的。同时，我们可以通过在符号中添加一点语法糖来使它们看起来像传统的数学符号，以便进行清理。

10.3　列表

列表是对象的有限序列。列表可以是平坦的，例如 [a,b,f(c),d]。列表也可以嵌套在其他列表中，例如 [a,[b,f(c)],d]。

要讨论任意长度的列表，我们使用二进制构造函数 cons，并使用符号 nil 来引用空列表。尤其是以形式为 cons(τ_1, τ_2) 的术语指定一个列表，其中 τ_1 表示第一个元素，τ_2 表示列表的其余元素。

例如，使用这种方法，我们可以用下面显示的复合项表示列表 [a,b,c]。

$$\text{cons}(a, \text{cons}(b, \text{cons}(c, \text{nil})))$$

定义原语和列表的规则。

```
primitive(a)
primitive(b)
primitive(c)

list(nil)
list(cons(X,Y)) :- object(X) & list(Y)

object(X) :- primitive(X)
object(X) :- list(X)
```

这种表示法的优点是它允许我们在不考虑长度或深度的情况下描述列表上的关系。

例如，思考二进制关系内存 mem 的定义，如果对象是列表的顶级内存，则该对象包含一个对象和一个列表。使用构造函数 cons，我们可以表征如下所示的 mem 关系。显然，如果对象是第一个元素，则它是列表的内存。但是，如果它是列表其余部分的内存，则它也是内存。

```
mem(X,cons(X,Y)) :- object(X) & list(Y)
mem(X,cons(Y,Z)) :- object(Y) & mem(X,Z)
```

以类似的方式，我们可以在列表上定义其他关系。例如，以下规则定义了一个名为 app 的关系。app 的值（其最后一个参数）是一个列表，该列表由第一个参数提供的列表中的元素和由第二个参数提供的列表中的元素组成。例如，我们将有 app(cons(a,nil),cons(b,cons(c,nil)),cons(a, cons(b,cons(c,nil))))。

```
app(nil,Y,Y) :- list(Y)
app(cons(X,Y),Z,cons(X,W)) :- object(X) & app(Y,Z,W)
```

最后是关于语法的说明。有三种方法可以编写列表——使用方括号、使用 cons 和使用 ! 操作符。

如果我们知道列表的所有元素，则可以通过将元素包装在方括号中并用逗号分隔来编写列表，如下所示。

$$[a,b,c]$$

该列表也可以使用 cons 构造函数表示，如下所示。

$$cons(a, cons(b, cons(c, nil)))$$

为了简化列表的表示形式，我们可以选择使用 ! 运算符代替 cons。例如，我们将编写如下所示的列表。

$$a!b!c!nil$$

这三种表示形式都是等效的。实际上，它们通常解析为相同的内部表示形式。但是，它们在不同的情况下都具有价值，因此这三个条件都是允许的。

列表是一种非常常用的表示方法，我们鼓励读者尽可能地熟悉为列表上的关系编写定义的技术。就像其他任务一样，经常练习可以让我们获得这种技能。

10.4　示例——排序列表

排序列表是指连续的元素满足给定排序关系的列表。例如，列表 [1,2,3] 是排序列表，其中"小于"是排序关系，而 [1,3,2] 则不是。

请注意，元素在排序列表中多次出现是很常见的。例如，[1,2,2,3] 是一个排序列表，其中"小于或等于"作为列表的排序关系。但是，如果排序关系不是自反的就不会发生这种情况。例如，[1,2,2,3] 不是以"小于"为排序关系的排序列表。

给定排序关系（例如"小于或等于"关系 leq），我们可以轻松定义一个谓词 sorted，该谓词对已排序列表为"真"，而对其他列表均为"假"，如下所示。空列表是有序的。只有一个元素的列表均为有序的。如果列表的第一个元素小于或等于第二个元素，并且列表的尾部是有序的，则该列表至少有两个或者多个元素是有序的。

```
sorted(nil)
sorted([X]) :- object(X)
sorted(cons(X,cons(Y,L))) :- leq(X,Y) & sorted(cons(Y,L))
```

与未排序列表一样，我们也可以在已排序的列表上定义关系。但是，这样做必须确保结果列表是有序的。尽管可以将先前定义的 app 关系应用于已排序列表，但结果可能是无序的。

解决此问题的一种方法是将排序器应用于列表，以确保列表是有序的。例如，下面的视图定义根据 app 和 sort 定义了排序关系 sortappend。

```
sortappend(X,Y,Z) :- app(X,Y,W) & sort(W,Z)
```

此方法有效并且可以产生正确的答案（即使未对输入列表进行排序）。但是，如果我们知道输入列表已经有序，则可以用另一种方式定义排序关系。

```
merge(nil,Y,Y) :- list(Y)
merge(X!L,Y,Z) :- merge(L,Y,W) & insert(X,W,Z)
```

对于许多人来说，这种方法比上面的方法更适用。而且我们在执行程序时可以看出它的执行效率可能比先前的方法更高。

10.5　示例——集合

集合由一组对象构成。集合和列表有两处不同：1）对象可以多次出现在列表中，而不能多次出现在集合中；2）列表中元素的顺序是至关重要的，而集合则不关心元素的顺序。

接下来，我们将集合表示为有序列表。因为顺序在集合中无关紧要，所以选择哪个顺序都没有关系，保持事物有序性使得定义集合上的某些关系变得容易。而且，正如我们将在后面的课程中要学习的，它使查询应答更加有效。

如果我们将集合表示为列表，则可以使用前面定义的 mem 关系查看对象是否是集合的成员。但是，如果我们将集合表示为有序列表，则有更好的方法，如下所示。

```
mem(X,X!L) :- list(L)
mem(X,Y!L) :- less(Y,X) & mem(X,L)
```

与列表成员的定义一样，这个方法循环查询集合的元素。同样，如果我们获取对象的子集作为第一个元素，那么我们将成功终止循环。这里的主要区别是，如果该对象不是集合的元素，我们就可以提前结束循环。特别是，如果在循环遍历子列表的子列表时，到达指定对象小于第一个元素的子列表时则可以停止搜索，因为我们知道列表中后面的所有元素都大于该元素。

当且仅当一个集合的每个元素都是另一个集合的元素时，这个集合才是另一个集合的子集。我们可以定义 subset 关系，如下所示。

```
subset(nil,Y) :- list(Y)
subset(X!L,Y) :- mem(X,Y) & subset(L,Y)
```

两个集合的交集是由两个集合中都出现的元素组成的集合。

```
intersection(nil,Y,nil) :- list(Y)
intersection(X!L,Y,X!Z) :- mem(X,Y) & intersection(L,Y,Z)
intersection(X!L,Y,Z) :- ~mem(X,Y) & intersection(L,Y,Z)
```

两集合的并集是由两集合中的所有元素组成的集合。如果我们的集合是一个有序列表，则并集与之前定义的合并关系相同。

10.6　示例——树

cons 关系也可以用来表示任意树。例如，cons(cons(a,b),cons(c,d)) 表示一棵以 a、b、c 和 d 为叶的二叉树。

如果对象出现在树中的某个位置，那么对象和树的 among 关系为真。

```
among(X,X) :- object(X)
among(X,cons(Y,Z)) :- among(X,Y)
among(X,cons(Y,Z)) :- among(X,Z)
```

请注意，如果指定的对象本身是树，则此关系与树上的子树关系相同。

10.7　习题

10.1　请说明以下每个句子是否在 10.3 节中定义的 app 关系的扩展中。

（a）app(nil,nil,nil)

（b）app(cons(a,nil),nil,cons(a,nil))

（c）app(cons(a,nil),cons(b,nil),cons(a,b))

（d）app(cons(cons(a,nil),nil),cons(b,nil),cons(a,cons(b,nil)))

10.2　当且仅当指定对象是指定列表的最后一个元素时，last 是二元关系，该关系包含一个对象和一个列表。例如，last(c,[a,b,c]) 为真。编写一个定义 last 关系的逻辑程序。

10.3　当且仅当第二个列表包含与第一个列表相同的元素时，rev 是列表上的二元关系，两个列表的关系成立，但顺序相反。例如，rev([a,b,c],[c,b,a]) 为真。编写一个定义 rev 关系的逻辑程序。提示：它有助于定义 app 的变体，然后在定义 rev 时使用该变体。

10.4　当且仅当第二个列表是第一个列表的副本且给定对象的都被删除时，delete 是三元关系，并且拥有一个对象和两个列表。例如，delete(b,[a,b,c,b,d],[a,c,d]) 为真。编写一个定义 delete 关系的逻辑程序。

10.5　当且仅当第二个列表是第一个列表的副本，且所有第二个对象均由第一个对象替换时，substitute 是包含两个对象和两个列表的四元关系。例如，substitute(b,d,[a,d,d,c],[a,b,b,c]) 为真。编写一个定义 substitute 关系的逻辑程序。

10.6　当且仅当第一个对象和第二个对象在指定列表中彼此相邻时，adjacent 是包含两个对象和一个列表的三元关系。例如，adjacent(b,c,[a,b,c,d]) 为真。编写一个定义 adjacent 关系的逻辑程序。

10.7　当且仅当第一个列表是第二个列表的连续子列表时，sublist 是包含两个列表的二元关系。例如，sublist([b,c],[a,b,c,d]) 为真，而 sublist([b,d],[a,b,c,d]) 为假。编写一个定义 sublist 关系的逻辑程序。

10.8　当且仅当第二个列表是由第一个列表的排序得到的，sort 是包含两个列表的二元关系。例如，sort([2,1,3,2],[1,2,2,3]) 为真。编写一个用 min 定义 sort 关系的逻辑程序。

10.9　当且仅当第二集合是第一集合的幂集，即第二集合是第一集合的所有子集的集合时，powerset 是包含两个集合的二元关系。例如，powerset([a,b],[[],[a],[b],[a, b]]) 为真。编写一个定义 powerset 关系的逻辑程序。

动态系统

11.1 引言

动态系统是随时间改变状态的系统。在某些情况下，这些变化是响应纯内部事件（例如时钟的滴答声）而发生的。在某些情况下，这些变化是由外部输入引起的。在本章，我们将介绍如何使用逻辑编程来建立纯响应式系统的模型，即那些响应外部输入而发生变化的系统。

再次思考第 2 章介绍的积木世界。下面显示积木世界的一种状态。这里，C 在 A 上，A 在 B 上，E 在 D 上，如图 11-1 所示。

图　11-1

现在，让我们考虑一下这个世界的动态变化，我们可以通过这种变化来改变世界的状态。例如，把 C 从 A 上拿掉会导致图 11-2a 所示状态，把 E 从 D 上拿掉会导致图 11-2b 所示状态。

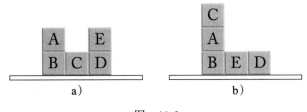

图　11-2

在本章，我们将探讨一种对此类系统进行建模的通用方法。在 11.2 节中，我们介绍 fluent（将真值从一种状态更改为另一种状态的事实）；然后查看动作（导致这种状态改变的输入）；之后，在 11.3 节中，我们介绍如何编写视图规则来定义这些动作对 fluent 的影响。基于这种公理化表示，我们将展示如何模拟行为的效果，并展示如何计划一系列的行动以达到期望状态。

11.2 表示

在第 9 章，我们看到了如何使用一元关系和二元关系将积木世界的状态描述为一个数据集，以及如何根据这些基本关系定义其他关系，如 clear 和 table。

不过这种表示方法不能描述动态行为。在动态版本的积木世界中，积木的属性及其关系会随着时间而变化，因此我们必须考虑到这一点。幸运的是，我们可以通过稍微修改先前词汇表中的条目并添加一些附加项目来描述动态行为。

首先，我们在语言中添加符号 s1 来代表世界的初始状态。我们还可以为这个世界的其他部分添加符号。正如我们将在 11.3 节中看到的那样，我们可以更方便地参考这些其他状态。

其次，我们引入 fluent 的概念并给出了合适的表示。fluent 是可以将真值从一种状态更改为另一种状态的条件。在形式化过程中，我们将静态表示中的基态原子作为 fluent。但是，我们现在将它们视为术语而不是仿真事实。例如，我们现在将 on(a,b) 和 clear(a) 视为术语而不是仿真事实。它们不再永远是对或错的条件；现在，它们在某些地方是正确的，在另一些地方是错误的。

为了讨论在特定状态下 fluent 的真实性，我们引入了二元谓词 tr，并使用它来捕捉特定 fluent 在特定状态下为真的事实。

例如，我们可以用句子来表示上面显示的世界的初始状态，如下所示。在状态 s1 下，c 在 a 上、a 在 b 上，等等。

```
tr(clear(c),s1)
tr(on(c,a),s1)
tr(on(a,b),s1)
tr(table(b),s1)
tr(clear(e),s1)
tr(on(e,d),s1)
tr(table(d),s1)
```

为了讨论可以改变世界的动作，我们引入了构造函数，每个动作一个。例如，在积木世界设置中，我们将添加两个新的二元构造函数 u 和 s。u(X,Y) 代表将 X 从 Y 上拆下来的动作，而 s(X,Y) 代表将 X 堆叠到 Y 上的动作。

为了定义动作的效果，我们添加了一个二元构造函数 do 来讨论在给定状态下执行给定动作的结果。例如，我们将写 do(u(c,a),s1) 来引用在状态 s1 中执行动作 u(c,a) 所产生的状态。

为了捕捉世界的物理现象，我们编写规则来说明由于执行我们的每个动作而导致的世界变化，如下所示。

```
tr(table(X),do(u(X,Y),S)) :- tr(clear(X),S) & tr(on(X,Y),S)
tr(clear(Y),do(u(X,Y),S)) :- tr(clear(X),S) & tr(on(X,Y),S)

tr(on(X,Y),do(s(X,Y),S)) :-
  tr(clear(X),S) & tr(table(X),S) & tr(clear(Y),S)
```

请注意，除了描述变化之外，我们还需要写下记录惯性（保持不变）的语句。例如，如果我们将一个积木与另一个积木堆叠，则所有清除的积木都保持清除状态，桌子上的所有积木都保留在桌子上；除拆栈操作中涉及的积木外，所有彼此堆叠的积木均保持彼此堆叠状态。以下句子记录了积木世界的惯性行为。

```
tr(clear(U),do(u(X,Y),S)) :- tr(clear(U),S)
tr(table(U),do(u(X,Y),S)) :- tr(table(U),S)
tr(on(U,V),do(u(X,Y),S)) :- tr(on(U,V),S) & distinct(U,X)
tr(on(U,V),do(u(X,Y),S)) :- tr(on(U,V),S) & distinct(V,Y)

tr(clear(U),do(s(X,Y),S)) :- tr(clear(U),S) & distinct(U,Y)
tr(table(U),do(s(X,Y),S)) :- tr(table(U),S) & distinct(U,X)
tr(on(U,V),do(s(X,Y),S)) :- tr(on(U,V),S)
```

这样的句子表达了相同的内容，通常称为框架公理。许多人对将表示动态的内容形式化的需要感到厌烦。幸运的是，有其他形式化动力学的方式可以消除对框架公理的需求。例如，除了形式化执行动作所导致的状态中的真实情况，我们还可以形式化从当前状态中进行的更改（以添加列表和删除列表的形式）。有关此技术的更多讨论，请参见第 14 章。

11.3　仿真

仿真是确定状态的过程，该状态是由于在给定状态下执行一系列给定的操作而产生的。一旦我们有了世界的物理模型，仿真就很容易了。

例如，请考虑上一节中描述的初始状态，并考虑以下两个动作的顺序。我们首先将 c 从 a 上拆栈，然后将 c 堆叠到 e 上。如果我们对执行这些操作后的事物状态感兴趣，则可以编写如下所示的查询。

```
goal(P) :- tr(P,do(s(c,d),do(u(c,a),s1)))
```

初始状态如下所示：

```
tr(clear(c),s1)
tr(on(c,a),s1)
tr(on(a,b),s1)
tr(table(b),s1)
tr(clear(e),s1)
tr(on(e,d),s1)
tr(table(d),s1)
```

使用这些数据以及更改规则和框架公理，我们看到在这种状态下执行 u(c,a) 会得到以下数据：

```
tr(clear(c),do(u(c,a),s1))
tr(table(c),do(u(c,a),s1))
tr(clear(a),do(u(c,a),s1))
tr(on(a,b),do(u(c,a),s1))
tr(table(b),do(u(c,a),s1))
tr(clear(e),do(u(c,a),s1))
tr(on(e,d),do(u(c,a),s1))
tr(table(d),do(u(c,a),s1))
```

再次应用变化规则和框架规则，我们得出以下结论：

```
tr(clear(c),do(s(c,e),do(u(c,a),s1)))
tr(on(c,e),do(s(c,e),do(u(c,a),s1)))
tr(clear(a),do(s(c,e),do(u(c,a),s1)))
tr(on(a,b),do(s(c,e),do(u(c,a),s1)))
tr(table(b),do(s(c,e),do(u(c,a),s1)))
tr(on(e,d),do(s(c,e),do(u(c,a),s1)))
tr(table(d),do(s(c,e),do(u(c,a),s1)))
```

最后，使用定义谓词 goal 的规则，我们得到以下数据：

```
goal(clear(c))
goal(on(c,e))
goal(clear(a))
goal(on(a,b))
goal(table(b))
goal(on(e,d))
goal(table(d))
```

上面显示的部分结果使其过程看起来很复杂，但实际上该过程相当简单，而且成本也不高。寻找实现目标状态的计划并不是那么简单。

11.4 计划

计划在某些方面与仿真相反。在仿真中，我们从初始状态和计划（即一系列动作）开始，然后我们使用仿真来确定在初始状态下执行计划的结果。在计划中，我们从初始状态和目标（即一组理想状态）开始，并且我们使用计划来计算实现目标状态之一的计划。

在下面的内容中，我们再次使用一元谓词 goal，但在这种情况下，我们将其定义为对期望状态为真，而不是像上一节中 fluent 的形式化那样。例如，当且仅当 on(a,b) 和 on(b,c) 上的 fluent 在该状态下为"真"时，以下规则将 goal 定义为"真"。

```
goal(S) :- tr(on(a,b),S) & tr(on(b,c),S)
```

使用本节中的 goal 定义和规则，很容易看到以下结论是正确的，即 on(a,b) 和 on(b,c) 在 do(s(a,b), do(s(b,c), do(u(a,b), do(u(c,a),1))))) 状态为"真"，即从拆栈 c 到拆栈 a，将 b 堆叠到 c 上，然后将 a 堆叠到 b 上的状态。

```
goal(do(s(a,b),do(s(b,c),do(u(a,b),do(u(c,a),s1)))))
```

原则上，我们应该能够通过自底向上或自顶向下的评估得出这一结论。不幸的是，自底向上的评估探索了许多与目标无关的计划。自顶向下的评估始终专注于目标。不幸的是，使用上面显示的规则，当上面显示的简单的四步计划起作用时，它可能会陷入无限循环，探索越来越长的计划。

解决这一难题的方法是使用两种方法的混合。我们定义二元谓词 plan，如下所示。plan 对空计划和某个状态为真，当且仅当该状态满足目标。当且仅当序列的"尾部"在给定状态下应用第一个动作的结果执行时，"尾部"达到目标，序列才是非空的动作序列。

```
plan(nil,S) :- goal(S)
plan(A!L,S) :- plan(L,do(A,S))
```

给定这个定义，我们可以提出问题 plan(L,s1)，并且自顶向下的评估将尝试增加长度的计划，尝试使用简短的计划以查看是否实现了目标，并仅在没有实现目标的情况下才转向更长的计划、目标。

这种方法比自底向上的执行要快一些，并且可以保证生成最短的可能的计划。虽然该方法成本很高。人们已经进行了大量研究以找到更有效地制订计划的方法。但是，有时可能需要对平面空间进行完全搜索。

11.5 习题

11.1 假设我们想通过将 X 从 Y 移到 Z 的动作 move(X,Y,Z) 来扩展积木世界。根据本章介绍的词汇，为这个新动作编写变化公理和框架公理。

11.2 给定本章的变化和框架公理以及下面显示的数据，请评估查询 goal(P) :
- tr(P,do(s(b,e),do(u(a,b),do(u(c,a),s1)))).

```
tr(clear(c),s1)
tr(on(c,a),s1)
tr(on(a,b),s1)
tr(table(b),s1)
tr(clear(e),s1)
tr(on(e,d),s1)
tr(table(d),s1)
```

11.3 假设本章的变化公理和框架公理以及目标定义和下面显示的数据，对查询 result([X,Y]) :-plan([X,Y],s2) 给出一个答案。

```
tr(clear(a),s2)
tr(table(a),s2)
tr(clear(b),s2)
tr(on(b,c),s2)
tr(table(c),s2)
tr(clear(e),s2)
tr(on(e,d),s2)
tr(table(d),s2)
```

元 知 识

12.1 引言

我们的语言的一个有趣的特性是它允许我们对有关信息的信息进行编码。诀窍是在我们的语言中把句子表示为术语，然后写出关于这些术语的句子，从而有效地写出关于句子的句子。这种技术有很多用途。在本章，我们将介绍其中两个用途：一是在我们的语言中描述其他语言的语法和语义；二是在逻辑编程中表示布尔逻辑（Boolean Logic）。

12.2 自然语言处理

伪英语（Pseudo English）是一种形式化语言，旨在近似英语的语法。定义伪英语语法的一种方法是用巴科斯范式（Backus Naur Form，BNF）编写语法规则。针对一小部分伪英语，下面的规则说明了这种方法。句子是名词短语，后跟动词短语。名词短语可以是名词，也可以是两个名词之间用单词 and 隔开。动词短语是一个动词，后跟一个名词短语。名词可以是单词 mary、单词 pat 或单词 quincy。动词可以是 like 或 likes。

```
<sentence> ::= <np> <vp>
<np> ::= <noun>
<np> ::= <noun> "and" <noun>
<vp> ::= <verb> <np>
<noun> ::= "mary" | "pat" | "quincy"
<verb> ::= "like" | "likes"
```

另外，我们可以使用规则来形式化伪英语的语法。下面显示的句子表达了上面的 BNF 规则中描述的语法。在这里，我们使用 app 关系来追加单词。

```
sentence(Z) :- np(X) & vp(Y) & app(X,Y,Z)
np(X) :- noun(X)
np(W) :- noun(X) & noun(Y) & app(X,and,Z) & app(Z,Y,W)
vp(Z) :- verb(X) & np(Y) & app(X,Y,Z)
noun(mary)
noun(pat)
noun(quincy)
verb(like)
verb(likes)
```

使用这些规则，我们可以测试一个给定的单词序列是否是伪英语中的语法合法的句子，并且我们也可以枚举语法合法的句子，如下所示。

```
mary likes pat
pat and quincy like mary
mary likes pat and quincy
```

我们的 BNF 和相应的公理化的一个弱点是，没有考虑主语和动词之间在数量上的一致性。因此，使用这些规则，我们可以获得以下表达式，这些表达式在自然英语中不符合语法要求。

```
x    mary like pat
x    pat and quincy likes mary
```

幸运的是，我们可以稍微完善一下规则来解决此问题。特别地，我们可以在某些关系中添加一个参数，以指示表达式是单数还是复数，然后可以使用它来阻止数量不一致的单词序列。

```
sentence(Z) :- np(X,W) & vp(Y,W) & app(X,Y,Z)

np(X,singular) :- noun(X)
np(W,plural) :- noun(X) & noun(Y) & app(X,and,Z) & app(Z,Y,W)

vp(Z,W) :- verb(X,W) & np(Y,V) & app(X,Y,Z)

noun(mary)
noun(pat)
noun(quincy)

verb(like,plural)
verb(likes,singular)
```

使用这些规则，仍然可以保证以上那些语法正确的句子是句子，但是语法不正确的句子就被阻止。其他语法特征可以以类似的方式形式化，例如代词中的性别一致（he 和 she），所有格形容词（his 和 her），反身词（himself 和 herself）等。

12.3　布尔逻辑

在本书中，我们一直使用英语来谈论逻辑编程。一个自然要问的问题是，是否可将逻辑编程形式化。答案是肯定的，但有一些限制。

在本节中，我们先来看这个问题的简单形式，即使用逻辑编程形式化布尔逻辑的语法和语义。布尔逻辑中的句子比逻辑编程中的句子更简单。词汇表由原子命题组成，句子既可以是命题，也可以是由逻辑运算符形成的复杂表达。下面显示的句子是一个示例。这是 p 为真且 q 为假或 p 为假且 q 为真的陈述。

$$(p \land \neg q) \lor (\neg p \land q)$$

在下面的布尔逻辑语言中，我们将符号与每个命题关联起来。例如，我们使用 p、q 和 r 表示命题 p、q 和 r。

接着，我们引入复合句的构造函数。每个逻辑操作符都有一个构造函数：not 表示 ¬，and 表示 ∧，or 表示 ∨。使用这些构造函数，我们可以将布尔逻辑语句表示为我们语言中的术语。例如，我们可以把上面的句子表示如下：

$$\text{or(and(p,not(q)),and(not(p),q))}$$

最后，我们引入了一些谓词，用布尔逻辑语言表示各种类型的表达式。我们使用一元谓词 proposition 来断言一个表达是一个命题。我们使用一元谓词 negation 来断言一个表达式是一个否定。我们使用一元谓词 conjunction 来断言一个表达式是一个合取式。我们使用一元谓词 disjunction 来断言一个表达式是一个析取式。并且我们使用一元谓词 sentence 来断言一个表达式是一个句子。

借助此词汇表，我们可以描述语言的语法，我们从命题常量的声明开始：

```
proposition(p)
proposition(q)
proposition(r)
```

接下来，我们定义关于逻辑运算符的表达式的类型。

```
negation(not(X)) :- sentence(X)
conjunction(and(X,Y)) :- sentence(X) & sentence(Y)
disjunction(or(X,Y)) :- sentence(X) & sentence(Y)
```

最后，我们将句子定义为这些类型的表达式。

```
sentence(X) :- proposition(X)
sentence(X) :- negation(X)
sentence(X) :- conjunction(X)
sentence(X) :- disjunction(X)
```

真值赋值是从命题常量到布尔值（真或假）的映射。我们可以使用二元关系 value 来对一个真值赋值进行编码，二元关系 value 将一个命题常量与被关联的值连接起来。例如，以下事实构成上述命题常量的真值赋值。在这种情况下，p 为真，q 为假，r 为真。

```
value(p,true)
value(q,false)
value(r,true)
```

给定一个真值赋值，我们可以为语言中的每个句子定义一个 truth 值。当且仅当一个命题被赋值为"真"时，才为"真"。当且仅当一个命题为"假"时，其否定为"真"。当且仅当两个合取项都成立时，合取式才成立。当且仅当至少一个析取项为真时，析取式才为真。

```
truth(P) :- value(P,true)
truth(not(P)) :- ~truth(P)
truth(and(P,Q)) :- truth(P) & truth(Q)
truth(or(P,Q)) :- truth(P)
truth(or(P,Q)) :- truth(Q)
```

为了使我们的形式化更加有趣，我们可以考虑将真值赋值具体化为对象。然后我们可以讨论句子的属性，例如有效性和可满足性。句子有效，当且仅当该句子在每个真值赋值都为真。句子可满足，当且仅当某一真值赋值满足它。一个句子可证伪，当且仅当某个真值赋值使其为假。一个句子不可满足，当且仅当没有真值赋值使其为真。

12.4 习题

12.1 假设我们要在伪英语部分的语法中添加 himself 和 herself。修改定义伪英语语法的规则，以使这些单词仅作为句子的对象出现，以便当这些词中的一个在句子中使用时，它的数量和性别与句子主语的数量和性别相对应。

12.2 请说明下列每个句子是否是"布尔逻辑"这一节中的句子的结果：

(a) conjunction(and(not(p),not(q)))

(b) conjunction(not(or(not(p),not(q))))

(c) sentence(not(not(p)))

(d) sentence(or(not(p),not(q),not(r)))

(e) sentence(and(p,not(p)))

12.3 以下哪句话是"布尔逻辑"这一节中真值赋值和规则的结果？

(a) truth(or(not(p),not(q)))

(b) truth(not(and(not(p),not(q))))

(c) truth(and(p,not(p)))

12.4 假设我们想将 xor 运算符添加到布尔逻辑语言中。当且仅当 p 的值不同于 q 的值时，xor(p,q) 才为"真"。编写规则以扩展对 truth 的定义，以适应 xor 运算符。

操作的定义

操　作

13.1　引言

在第三部分（第 7 ～ 12 章），我们看到了如何编写规则以根据基本关系定义视图关系。视图关系一旦被定义，我们可以在查询和定义其他视图时使用这些视图。

在本部分（第 13 ～ 16 章），我们将研究如何编写规则以根据基本关系的变化来定义操作。一旦定义好操作，我们就可以在更新中以及在其他操作的定义中使用这些操作。

如我们所见，编写视图定义所使用的规则概括了编写查询所使用的规则。就像我们将看到的那样，用于编写操作定义所使用的规则概括了编写更新所使用的规则。就是说，重要的是要牢记视图和操作之间的差异——视图用于讨论状态中正确的事实，而操作用于讨论状态变化。

在本章，我们将定义操作定义的语法和语义。在第 14 章，我们将了解如何使用操作定义来指定动态系统（动态系统会响应外部刺激而发生变化）中的事件处理。在第 15 章，我们将介绍如何在数据库管理中使用操作定义。并且，在第 16 章，我们将介绍如何在构建交互式工作表时使用操作定义。

13.2　语法

操作定义的语法建立在第 4 章描述的更新语法的基础上。各种类型的常量是相同的，例如，这些术语、原子和文字的概念是相同的。但是，我们仍在其中添加了一些新东西。

为了表示操作，我们指定一些常数作为操作常数。类似构造函数和关系常数，每个操作常数都有一个固定的元（如一元、二元等）。

动作是操作特定对象的一个应用。接下来，我们将使用类似于原子句的语法来记录动作，即，一个 n 元运算常数，后跟着 n 个用括号括起来并用逗号分隔的术语。例如，如果 f 是二元运算常数，而 a 和 b 是符号，则 f(a,b) 表示将操作 f 应用于 a 和 b 的动作。

操作定义规则（简称操作规则）是如下所示的表达式。每个规则由（1）一个动作表达式；（2）一个双冒号；（3）一个文字或多个文字的合取式；（4）一个双轴向前箭头；（5）一个文字或一个动作表达式或文字和动作表达式的合取式组成。双冒号左侧的动作表达式称为头部；箭头左侧的文字称为条件；箭头右侧的文字称为结果。

$$\gamma \quad :: \quad [\sim]\phi_1 \ \& \ \cdots \ \& \ [\sim]\phi_m \quad ==> \quad [\sim]\psi_1 \ \& \ \cdots \ \& \ [\sim]\psi_n \ \& \ \gamma_1 \ \& \ \cdots \ \& \ \gamma_k$$

直观地讲，操作规则的含义很简单。如果规则的条件在任何状态下都为真，则在头部执行操作需要我们执行规则的结果。

例如，下面的这条规则指出，在任何状态下，只要 p(a,b) 为真并且 q(a) 为假，那么执行 click(a) 后会从数据集中删除 p(a,b)，添加 q(a)，并执行操作动作 click(b)。

```
click(a) :: p(a,b) & ~q(a)  ==>  ~p(a,b) & q(a) & click(b)
```

与定义视图的规则一样，操作规则可以包含变量，以便能以紧凑的形式表示信息。例如，我们可以编写以下规则将前面的规则推广到所有对象。

```
click(X) :: p(X,Y) & ~q(X)  ==>  ~p(X,Y) & q(X) & click(Y)
```

与视图规则一样，安全性是一个考虑因素。在这种情况下，安全性意味着规则结果或负条件中的每个变量也都出现在规则的头部或正条件中。

上面给出的操作规则都是安全的。但是，下面显示的规则不安全。第一个规则的第二个结果包含一个不会出现在头部或任何正条件的变量 Z。在第二条规则中，有一个变量 Z 出现在负条件中但既不出现在头部也不出现在任何正条件中。

```
click(X) :: p(X,Y) & ~q(X)   ==>   ~p(X,Y) & q(Z) & click(Y)
click(X) :: p(X,Y) & ~q(Z)   ==>   ~p(X,Y) & q(X) & click(Y)
```

在某些没有条件的操作规则中，变迁规则对所有数据集都产生影响。当然，我们可以使用条件 true 编写此类规则，如以下示例所示。

```
click(X) :: true  ==>   ~p(X) & q(X)
```

为了简化编写示例，我们有时会通过删除条件和变迁运算符来简化此类规则，而只将变迁的结果编写为操作规则的主体。例如，我们可以将上面的规则简化为：

```
click(X) :: ~p(X) & q(X)
```

一个操作定义是操作规则的集合，其中每个规则的头部有相同的操作。与视图定义一样，我们主要对有限的规则集感兴趣。但是，在分析操作定义时，我们有时会谈到这些规则的所有基本实例的集合，在某些情况下，这些集合是无限的。

13.3 语义

操作定义的语义比更新的语义更复杂，这是因为规则的条件里可能出现视图，并且规则的结果中也可能会出现操作。接下来，我们首先在给定数据集的上下文中定义动作的扩展，然后定义在该数据集上执行该动作的结果。

假设我们得到了一组规则 Ω，一组动作 Γ（事实、否定的仿真事实和动作）以及一个数据集 Δ。我们说 Ω 中的某条规则的某个实例对于 Γ 和 Δ 是有效的，当且仅当规则的头部在 Γ 中且规则的条件在 Δ 中都为真。

给定这个概念，我们如下定义动作 γ 相对于规则集 Ω 和数据集 Δ 的扩展。设 Γ_0 为 $\{\gamma\}$，设 Γ_{i+1} 是 Ω 中关于 Γ_i 和 Δ 的任何规则实例中所有结果的集合。我们将 $U(\gamma, \Omega, \Delta)$ 这个扩展定义为该序列的固定点，相当于对于所有非负整数 i，它是集合 Γ_i 的并集。

接下来，我们将正的更新 $A(\gamma, \Omega, \Delta)$ 定义为 $U(\gamma, \Omega, \Delta)$ 中的正基本仿真事实。我们将负的更新 $D(\gamma, \Omega, \Delta)$ 定义为 $U(\gamma, \Omega, \Delta)$ 中所有负仿真事实的集合。

最后，我们将动作 γ 应用于数据集 Δ 的结果，定义为从 Δ 中删除负更新并添加正更新的结果，即结果为 $(\Delta - D(\gamma, \Omega, \Delta)) \cap A(\gamma, \Omega, \Delta)$。

为了说明这些定义，请考虑使用具有表示有向无环图的数据集的应用程序。在下面的句子中，我们使用符号来指定图的节点，并使用 edge 关系来指定图的弧线。

```
edge(a,b)
edge(b,d)
edge(b,e)
```

以下操作定义了一个三元操作 copy，它将图中的出弧从第一个参数拷贝到第二个参数。

```
copy(X,Y) :: edge(X,Z)   ==>   edge(Y,Z)
```

给定这个操作定义和上面显示的数据集，copy(b,c) 的扩展包括以下变化。在这种情况下，代表从 b 发出的两个弧的仿真事实都复制到 c 中。

```
edge(c,d)
edge(c,e)
```

执行此事件后，我们得到以下数据集。

```
edge(a,b)
edge(b,d)
edge(b,e)
edge(c,d)
edge(c,e)
```

下面这条规则定义了一个一元操作 invert，该运算会将指定为其参数的节点的传入弧进行反转。

```
invert(Y) :: edge(X,Y)   ==>   ~edge(X,Y) & edge(Y,X)
```

invert(c) 的扩展如下所示。在这种情况下，以 c 作为第二个参数的仿真事实变量中的参数已全部反转。

```
~edge(c,d)
~edge(c,e)
edge(d,c)
edge(e,c)
```

执行此事件后，我们得到以下数据集。

```
edge(a,b)
edge(b,d)
```

```
edge(b,e)
edge(d,c)
edge(e,c)
```

最后，下列操作规则定义了一个二元操作，该操作将一个新节点插入图（第一
个参数）中，还插入一条到达第二个参数的弧，也插入一条到达所有相关节点的
弧，这些节点是指第二个参数可到达的所有节点。

```
insert(X,Y) :: edge(X,Y)
insert(X,Y) :: edge(Y,Z) ==> insert(X,Z)
```

insert(w,b) 的扩展如下所示。第一条规则将 edge(w,b) 添加到该扩展中。
第二条规则添加 insert(w,d) 和 insert(w,e)。给定这些事件，在下一轮扩展中，
第一个规则添加 edge(w,d) 和 edge(w,e)，第二个规则添加 insert(w,c)。在第
三轮扩展中，我们得到 edge(w,c)。此时，任何一条规则都不会在扩展中添加任何
其他项，并且该过程将终止。

```
insert(w,b)
edge(w,b)
insert(w,d)
insert(w,e)
edge(w,d)
edge(w,e)
insert(w,c)
edge(w,c)
```

将此事件应用于先前的数据集将产生如下所示的结果。

```
edge(a,b)
edge(b,d)
edge(b,e)
edge(d,c)
edge(e,c)
edge(w,b)
edge(w,d)
edge(w,e)
edge(w,c)
```

注意，可以用其他方式定义 insert。例如，我们可以定义一个 edge 视图，该
视图将每个节点关联那些可以从该节点到达的每个节点。然后，我们可以在非递归
的 insert 定义中使用此视图。但是，这将要求我们在词汇表中引入新的视图。而
且对于许多人来说，这不如上面所示的定义清楚。

13.4 习题

13.1 对于以下每个字符串，请说明这是否是语法上合法的操作定义。

(a) a(X) :: p(X,Y) ==> q(Y,X)

(b) a(X) :: p(X,Y) & a(Y) ==> q(Y,X)

(c) a(X) :: p(X,Y) ==> q(Y,X) & a(Y)

(d) a(X) :: p(X,Y) ==> q(Y,X) & ~a(Y)

(e) a(X) :: p(Y,Y) ==> q(X,Y)

13.2 请说明以下查询是否安全。

(a) a(X) :: p(X,Y) & p(Y,Z) ==> p(X,Z)

(b) a(X) :: p(X,Y) & ~p(Y,Z) ==> p(X,Z)

(c) a(X) :: p(Y,Z) ==> p(X,Z)

(d) a(X) :: p(Y,Z) ==> ~p(X,Z)

(e) a(X) :: p(Y,Z) ==> p(Z,Y)

13.3 给定一个定义 fix(X) :- p(X,Y) & p(Y,Z) ==> p(X,Z)，在如下所示的数据集上执行操作 fix(a) 的结果是什么？

```
p(a,b)
p(b,c)
p(c,d)
p(d,e)
```

13.4 给定一个定义 fix(X) :- p(X,Y) & p(Y,Z) ==> p(X,Z) & fix(Y)，在如下所示的数据集上执行动作 fix(a) 的结果是什么？

```
p(a,b)
p(b,c)
p(c,d)
p(d,e)
```

13.5 考虑以下类型的层次结构。

```
subtype(giraffe,mammal)
subtype(rabbit,mammal)
subtype(mammal,vertebrate)
subtype(earthworm,vertebrate)
subtype(vertebrate,animal)
subtype(invertebrate,animal)
```

定义一个操作 classify，它将对象和类型作为参数，并添加仿真事实，说明对象具有该类型和该类型的所有超类型。例如，执行动作

classify(george,giraffe) 应该导致以下事实被添加到数据集中。

type(george,giraffe)
type(george,mammal)
type(george,vertebrate)
type(george,animal)

动态逻辑程序

14.1　引言

在第 11 章，我们了解了如何使用视图定义来描述动态系统的行为。在本章，我们将介绍一种替代方法——使用操作定义。以这种方式定义的系统被称为动态逻辑程序。

在 14.2 节，我们将看到一个响应式系统，即响应外部输入的系统。在 14.3 节，我们将看到一个封闭的动态系统，即无须外部输入即可运行的系统。在 14.4 节，我们将看到一个混合主动系统，即由内部和外部刺激相结合驱动的系统。最后，我们研究同步输入涉及的问题。

14.2　响应式系统

响应式系统的最简单形式是其行为完全由外部的输入驱动。在输入之前，系统处于静止状态，即没有任何变化；在观察输入时，系统根据输入改变状态；然后，系统再次静止（直到观察到下一个输入）。

例如，考虑具有三个按钮和三盏灯的系统。在每个时间点，有些灯点亮，有些灯熄灭。如果用户按下第一个按钮，则系统会触发第一盏灯。如果用户按下第二个按钮，则系统会将第一盏灯和第二盏灯的状态进行交换。如果用户按下第三个按钮，则系统会交换第二、第三盏灯的状态。

为了使这个系统的行为形式化，我们对状态的各组成部分进行命名。我们使用布尔谓词 p 表示第一盏灯亮；q 表示第二盏灯亮；r 表示第三盏灯亮。接下来，为三个可能的事件命名。我们使用布尔谓词 a 来指定被按下的第一个按钮；b 表示被按下的第二个按钮；c 表示被按下的第三个按钮。

有了这个词汇表，我们就可以将我们的系统状态表示为一个由 p、q 和 r 仿真事实的子集组成的数据集，并且将事件的发生表示为三个动作之一，即 a、b 或 c。

使用这一新术语，我们可以使用下面显示的操作定义来描述系统期望的行为。如果用户按下 a 按钮并且 p 为 "真"，则系统将 p 设置为 "假"。如果用户按下 a 按钮并且 p 为 "假"，则系统将 p 设置为 "真"。如果用户按下 b 按钮，则系统将 p 和 q 互换。如果用户按下 c 按钮，则系统将 q 和 r 互换。（请注意，如果执行动作 b 且 p 和 q 相同，则什么都不会改变。类似地，如果执行动作 c 而 q 和 r 相同，则什么都不会改变。因此，对于这些情况，我们不需要什么规则。）

```
a :: p ==> ~p
a :: ~p ==> p
b :: p & ~q ==> ~p & q
b :: ~p & q ==> p & ~q
c :: q & ~r ==> ~q & r
c :: ~q & r ==> q & ~r
```

注意，如果系统在三个条件都为假的状态下启动，则可以通过执行动作序列 a、b、c、a、b 和 a 来达到它们为真的状态。你能想到可以解决问题的不同动作序列吗？有多少序列可以产生所需的状态？

14.3 封闭系统

封闭的动态系统无须外部输入即可运行。它的行为仅靠内部刺激，例如时钟的嘀嗒声。

例如，想象一下 14.2 节中描述的 "按钮和灯的世界" 的变体。在这种情况下，没有按钮，因此也没有外部输入。相反，系统循环切换状态，从所有指示灯均熄灭的状态开始，以特定顺序循环切换状态，直到所有指示灯均亮起，重置，然后无限重复。

在指定此系统的行为时，我们使用与 14.2 节相同的词汇，除了代替动作 a、b 和 c 之外，我们有一个内部动作 tick 来代表时钟的嘀嗒声。

使用此术语，我们可以使用以下所示的操作定义来描述系统所需的行为。当时钟嘀嗒作响时，系统会根据当时的状态更改状态。当所有灯都熄灭时，第一盏灯点亮。当第一盏灯点亮并且仅有第一盏灯点亮时，第一盏灯熄灭并且第二盏灯点亮。依此类推。

```
tick :: ~p & ~q & ~r ==> p & ~q & ~r
tick :: p & ~q & ~r ==> ~p & q & ~r
tick :: ~p & q & ~r ==>  ~p & ~q & r
tick :: ~p & ~q & r ==>  p & ~q & r
tick :: p & ~q & r ==> ~p & q & r
tick :: ~p & q & r ==> p & q & r
tick :: p & q & r ==> ~p & ~q & ~r
```

请注意，此状态序列与通过执行 14.2 节末尾提到的动作序列所产生的序列相同，即 a、b、c、a、b 和 a。

如果我们愿意的话，我们也可以使用前面几节中定义的动作来形式化这种行为（除了动作是内部动作，而不是外部刺激）。

和以前一样，我们将定义动作，但是在这些动作上我们将添加一个 reset 操作来关闭所有的灯，如下所示：

```
a :: p ==> ~p
a :: ~p ==> p
b :: p & ~q ==> ~p & q
b :: ~p & q ==> p & ~q
c :: q & ~r ==> ~q & r
c :: ~q & r ==> q & ~r
reset :: ~p & ~q & ~r
```

根据这些定义，我们可以重写上面的规范，如下所示。这些规则具有相同的条件，但是，本例中的规则不是枚举对基本关系的更改，而是指定在哪些状态下执行哪些内部操作。

```
tick :: ~p & ~q & ~r ==> a
tick :: p & ~q & ~r ==> b
tick :: ~p & q & ~r ==> c
tick :: ~p & ~q & r ==> a
tick :: p & ~q & r ==> b
tick :: ~p & q & r ==> a
tick :: p & q & r ==> reset
```

这种规范样式有时称为一个通用计划。对于每个状态，它指定在该状态下执行的动作。

14.4   混合主动

混合主动系统是一种其行为由外部或内部输入决定的系统。有趣的是，在混合主动系统中，单个外部输入可以导致单个状态更改或一系列更改。

例如，考虑 14.3 节中描述的封闭的"按钮和灯的世界"的变体。在此变体中，我们有两个不同的按钮来代替 14.2 节所描述的按钮。如果用户按下第一个按钮，则系统将开始按之前描述的情况运行。如果用户按下第二个按钮，则系统将暂停运行。如果用户再次按下第一个按钮，则系统将从中断的位置继续运行。

和以前一样，我们使用 p、q 和 r 描述这三盏灯的状态。为此，我们添加了一个运行中的 0 元谓词 running 以捕获进程的状态。我们使用 play 和 stop 符号来指代两个外部输入。最后，和以前一样，我们使用符号 tick 来表示内部时钟的一次计时（或一次嘀嗒）。

下面的操作规则指定了我们系统所需的行为。play 和 stop 的定义，以及用于定义 tick 的常用规则，唯一的区别是对 running 的依赖。

```
play :: running
stop :: ~running

tick :: running & ~p & ~q & ~r ==> p
tick :: running & p & ~q & ~r ==> ~p & q
tick :: running & ~p & q & ~r ==> c
tick :: running & ~p & ~q & r ==> a
tick :: running & p & ~q & r ==> b
tick :: running & ~p & q & r ==> a
tick :: running & p & q & r ==> reset
tick :: running & p & q & r ==> reset
```

根据这些规则，系统将展现所需的行为。当用户按下 play 按钮时，状态被更新以包括仿真事实 running。结果是，随着系统内部时钟的计时，它会持续经历其状态循环。当用户按下 stop 按钮时，running 将被删除，除非再次按下 play 按钮，否则系统在随后的时钟嘀嗒声中什么也不做。

14.5   同时动作

在前面的章节，我们研究了一次处理一个输入的问题。在某些应用中，我们必须处理多个同时输入的可能性。例如，机器人可能被命令同时移动和伸展手臂，或者计算机用户可能同时按下两个键。

在某些情况下，此类事件的影响是相互独立的。在这种情况下，可以独立处理此类事件，实际上是将事件视为独立发生的。

"按钮和灯的世界"的原始版本的 a 操作和 c 操作说明了这一点。与这些输入相关的行为是相互独立的。按下 a 按钮可切换 p，而与 q 和 r 无关。按下 c 按钮可互换 q 和 r，而与 p 无关。结果，这些输入可以根据定义它们各自行为的规则进行独立和同时处理。

不幸的是，独立地处理同时输入并不总是有效的。在某些情况下，同时执行的操作可以按照不同于独立执行结果的方式进行交互。

例如，考虑一个状态，其中"按钮和灯的世界"中的第一盏灯和第二盏灯都亮着，并想象用户同时按下第一个按钮和第二个按钮，即他同时执行动作 a 和 b。在这种情况下，a 动作的定义要求 p 应该变为假，b 动作的定义要求 p 应该变为真。那会发生什么呢？

在这种情况下的问题是，按照我们的书面定义，操作定义假设一次仅发生一个动作。为了处理可能的交互作用，我们需要描述同时输入的影响。

一种方法是发明术语来讨论复合动作，然后为此类组合编写操作定义。

如果可能采取的行动的数量很少，通常的做法是使用和弦来指定输入的不同组合。例如，在"按钮和灯的世界"中，我们可以使用三元构造函数 press 并指定布尔值作为参数。如果第一个参数为 true，则表示已按下按钮 a。如果第二个参数为 true，则表示已按下按钮 b。如果第三个参数为 true，则表示已按下按钮 c。通过指定布尔的不同组合，我们可以表征动作的各种组合。

如果可能的动作数量很多，则将复合动作表示为和弦是不切实际的。在这种情况下，通常的做法是将复合动作表示为动作列表。例如，在"按钮和灯的世界"中，我们将发明一个表示动作 a 和 c 组合的列表 [a,c]，并且可以通过编写类似于 execute([a,c]) 的表达式来指定这个复合动作的执行。

一旦有了复合动作的表示，就可以使用该表示来编写操作定义。例如，下面显示的规则为"按钮和灯的世界"系统指定了一种可能的行为，该行为最多允许两个同时动作。如果用户同时按下 a 和 b，则 a 在 p 上具有通常的效果，而 b 在 q 上具有通常的效果。如果用户同时按下 a 和 b，则这些动作将具有其通常的效果（如 14.2 节中所定义）。如果用户同时按下 b 和 c，则 b 对 q 具有通常的效果，而 c 对 r 具有通常的效果。

```
execute([a,b]) :: ~p ==> p & ~q
execute([a,b]) :: p ==> ~p & q
execute([a,c]) :: a
execute([a,c]) :: c
execute([b,c]) :: q & ~r ==> ~q & r
execute([b,c]) :: ~q & r ==> q & ~r
```

请注意，如果应用程序中的所有动作彼此独立，则指定复合动作的行为非常简单。例如，假设我们有一个系统，其中选择了单个动作 execute(a)，execute(b) 等；并假设这些动作都是独立的。然后，我们可以用下面显示的规则定义系统响应这些动作的任意子集的行为（连同定义各个动作的规则）。

```
execute(L) ::  member(A,L)  ==>  execute(A)
```

将同时输入的行为形式化可能是乏味的。然而，使用复合动作的操作定义，在独立处理不充分的情况下，至少可以正确地形式化这种行为。

14.6　习题

14.1　思考本章描述的"按钮和灯的世界"，但是在此版本中，假定有第 4 个按钮 d 能一次触发所有灯光，请为 d 编写一个操作定义。

14.2　重写"按钮和灯的世界"的操作定义，以便能同时执行 a、b、c 三个动作。假设这些动作在单独执行时具有其通常的效果，但是当同时按下所有三个按钮时，三盏灯均熄灭。

数据库管理

15.1 引言

在第 14 章中，我们研究了更新数据集以响应输入的过程。在本章中，我们将看到这个更一般的过程的一个特例，其中的输入是对特定事实的"添加"和"删除"。

为了指定此类输入，我们使用两个新操作：add 和 delete。add 接受一个基本原子作为参数，并表示请求将指定的原子添加到当前数据集。delete 以一个基本原子作为参数，并表示请求从当前数据集中删除指定的原子。

请注意，系统可能会对收到的请求采取行动，也可能不会采取行动。它还可以添加或删除输入中未指定的事实。操作规则允许程序员精确地指定数据库应该如何响应输入的变化。

在本章，我们首先研究操作定义的使用，以确保更新后数据集约束仍能得到满足。在下一节，我们将介绍如何使用操作定义来更新物化视图。然后我们看一看操作定义的使用，在给定更新请求以查看关系时指定对基本关系的更新。

15.2 约束更新

考虑一个带约束的数据库系统，并假设该数据库系统收到一个更新请求，如果按字面意思执行该更新请求，将导致数据集违反约束。

在这种情况下，一种做法是系统直接拒绝该请求，可能还会指出存在的问题

（如同有关单元管理不一致性警告的那一节所建议的那样）。

另一种方法是，系统通过"添加"和"删除"来修复更新集，从而使生成的更新集生成一个反映所请求的更新并满足所有约束的数据集。

坏消息是，没有一种修复方法在所有应用程序中都令人满意。好消息是，使用操作定义，管理员可以指定如何在这种情况下进行修复。

作为此机制实际运行的一个示例，请考虑下面两条规则。在第一条规则中，该用户只要增加一个形如 female(X)（除了增加 male(X) 之外）的句子，该规则就要求该系统移除一个形如 male(X) 的句子。第二条规则与第一条规则类似，只是将 male 和 female 互换一下。最后，这两条规则共同对 male 和 female 实施了互斥。

```
add(female(X)) :: female(X) & ~male(X)
add(male(X)) :: male(X) & ~female(X)
```

类似地，我们可以通过编写以下规则来对 parent 和 adult 实施"包含依赖"。如果用户请求系统添加形如 parent(X,Y) 的句子，则系统还会添加形如 adult(X) 的句子。

```
add(parent(X,Y)) :: adult(X)
```

请注意，并不是所有的约束都可以使用更新规则强制执行。例如，在我们的亲属关系示例中，如果用户试图将句子 parent(art,art) 添加到数据库中，则系统无法采取任何措施来修复此错误。并且如果要保持一致性，则必须拒绝更新。

当有多个可能的修复且没有一个看起来比其他更好时，会出现一个单独的问题。例如，我们可能有一个约束描述了每个人都是男性或女性。如果用户指定了涉及新人物的人物事实，但未指定该人物的性别，则系统可能无法自行决定该性别。在这种情况下，系统可以拒绝该请求；也可以收集更多信息；或者可以做出任意选择，并允许用户使用其他更新来修改数据集。

15.3　物化视图维护

物化视图是已定义的关系，该关系存储在数据库中。物化视图的好处是，系统可以简单地查找有关物化视图的问题的答案，而不必从其他存储的关系中计算出答案。不利的一面是，随着对基础关系的更改，我们需要保持这种关系的最新状态。

操作定义可以通过启用对物化视图的自动更新来提供帮助。

例如，假设我们有一个以 parent 和 male 为基本关系的数据库。假设我们将 father 定义为 parent 和 male 的视图，并且假定我们要物化 father 关系。然后，我们可以编写更新规则来维护该物化视图。根据下面的第一条规则，只要用户增加语句 parent(X,Y) 且 male(X,Y) 为真时，该系统将增加一条形如 father(X,Y) 的语句。

```
add(parent(X,Y)) :: male(X) ==> father(X,Y) &
add(male(X)) :: parent(X,Y) ==> father(X,Y)
delete(parent(X,Y)) :: ~father(X,Y)
delete(male(X)) :: ~father(X,Y)
```

这种方法虽然可行，但是编写这样的更新规则可能有点乏味。幸运的是，还有其他选择。第一，可以构建一个有差异的视图定义并自动生成此类操作定义的程序。第二，可以将这种差异更新的处理直接构建到系统的更新引擎中。在第二种情况下，不需要明确的操作定义。但是，它们在说明系统如何处理更新请求时仍然很有用。

15.4　通过视图更新

在 15.3 节，我们讨论了由于数据集中基本关系的更改而更新视图的过程。在本节，我们讨论此过程的相反过程，即当这些关系的视图变化时，就更新基本关系。此过程通常称为通过视图更新。

根据对基本关系的更改来更新视图很简单，因为视图和定义它们的基础关系之间存在函数关系。通过视图更新的挑战在于，对于可产生相同视图扩展的基础关系，它们可以有很多扩展。因此，对视图关系的更改有时可以通过各种方式完成，即更新可能是不明确的。

例如，考虑一个演绎数据库，其中我们存储了 p 关系和 q 关系，并假设根据 p 和 q 给出了 r 的以下定义：

```
r(X) :- p(X)
r(X) :- q(X)
```

现在假设用户要求我们添加事实 r(a)。我们应该如何修改我们的数据集以使这一结论成立？我们应该添加 p(a) 或 q(a)，还是两者都添加？

当然，面对歧义，系统可以简单地拒绝更新。但是在某些情况下，程序员可能希望系统做出选择，如果选择有误，则让用户将其纠正。

操作定义的美妙之处在于，它们允许程序员指定在逻辑程序中对视图关系的更新进行更改时，在各种可能的基础关系更新中，哪一个更合适。

例如，在上述情况下，程序员可能选择记录 p(a)（例如，如果 p 个对象远多于 q 个对象）。在这种情况下，他可以通过编写以下操作定义来指定此策略：

```
add(r(X)) :: ~q(X) ==> p(X)
```

15.5 习题

15.1 让我们假设 likes 关系是对称的，即如果一个人喜欢另一个人，则第二个人喜欢第一个人。定义 add 和 delete 操作以强制对称的方式更新 likes 关系。

15.2 父母身份是一种不对称的关系。一个人不可能是自己的父母。定义 add 操作，使其在用户请求添加 parent 事实时，保证 parent 不对称。

15.3 假设 q 关系的定义如下所示。定义 add 和 delete 以在用户请求系统添加或删除 p 或 q 仿真事实时正确更新 r 关系。

```
r(X,Y) :- p(X,Y) & ~q(Y,X)
```

15.4 假设 t 关系的定义如下所示。定义 add 和 delete 以在用户请求系统添加或删除 p 或 q 仿真事实时正确更新 t 关系。

```
t(X,Y) :- p(X,Y)
t(X,Y) :- q(X,Y)
```

15.5 给定下面显示的视图定义，当给定添加或删除涉及 r 关系的原子的请求时，可以通过三种通用方法来更新 p 和 q 关系。为每种可能性定义 add 和 delete。

```
r(X,Y) :- p(X,Y) & q(X,Y)
```

交互式工作表

16.1　交互式工作表简介

交互式工作表是人们管理数据和解决与数据相关的问题的一种简单而有效的方法。交互式工作表的示例有很多，从简单的单用户电子表格（例如 Numbers 和 Excel 等系统中的单元格交互式网格）到协作的多机构计划和设计工具。

交互式工作表的强大和流行源于功能的组合。

1. 有意义的数据显示。数据通常以适合所涉及数据类型的形式（如表格、图表和图形等）呈现在工作表上。

2. 可修改性。用户可以按所见即所得的方式直接修改数据。重要的是，它可以按照适合用户的任何顺序更改数据。

3. 约束检查。系统会自动检查数据的完整性和一致性（包括静态约束和动态约束）。它可以向用户发出存在问题的警报，并尽可能为消除这些问题提供指导。

4. 自动计算结果。可接受更改的结果会自动计算出来，并且演示文稿也会进行更新以反映这些结果。

尽管这些功能可用于许多信息管理的场景，但它们在某些类型的应用程序中具有特殊价值，例如配置任务（例如产品配置工作表和学术课程表）、教学（例如交互练习和模拟环境）、在线游戏（例如国际象棋、西洋跳棋和转盘五子棋）等。

使用传统的编程技术来实现交互式工作表的过程既耗时又昂贵。好消息是逻辑编程可以大大简化此过程。使开发人员可以轻松创建和维护工作表。而且在许多情况下，非开发人员也可以这样做。创建和维护工作表可以并且应该"自己动手"（DIY）。就像没有编程专业知识的用户可以创建和管理传统的电子表格一样，没有传统编程专业知识的用户也可以自己创建和管理工作表。

在本章，我们将看到一些逻辑编程技术用于创建在万维网浏览器中运行的交互式工作表的方法。尽管我们的讨论集中在这一类交互式工作表上，但是该技术可以轻松地应用于在其他技术中构建交互式工作表。

16.2　示例

作为实现为网页的交互式工作表的示例，请参考 http://logicprogramming.stanford.edu/chapters/demo.html。该工作表为学生提供了一种设计学习计划的手段，该计划可以实现他的学术目标，并且同时满足他所在大学的学术要求。

该工作表包括该学生可用的课程列表。左下方的一个饼图表示他在计算机科学各个子领域中所选课程的比例。中间有一个指示，指示学生为每个所选课程申请的学分单位数。并且在右侧，工作表列出了负责这些课程的教授名单。

学生可以按他喜欢的顺序选择课程更新其课程单。单击一个空白复选框可以将相应的选项添加到他的学习计划中。单击已选中的复选框，可以从其程序中删除相应的课程。选择课程后，学生可以使用与该课程关联的滑块更改每个课程的学分单位数。

更新过程的重要部分是约束检查。每次更新后，工作表都会检查是否满足所有学术要求。如果存在违规，则相应的需求将变为红色，表示有问题。一旦再次满足需求，需求就会变成黑色。

随着程序的修改，以及所做的更改，工作表也会相应地更新。例如，选中每个框后，它将被添加到课程列表中，并出现相关教授的照片。移动某门课程的滑块会更改所请求的学分，并且在进行此类更改时，饼图会自动调整，以显示学生在该系各分区所投入的时间占比。

这是一个简单的示例，但它说明了交互式工作表的关键功能：所有相关数据的可见性、修改数据的能力、约束的自动检查以及结果的自动计算和显示。

16.3 网页数据

浏览器中网页底层数据通常采用称为文档对象模型（Document Object Model，DOM）的分层数据结构。此数据结构中的顶级节点代表文档，其子节点代表其组件。DOM 中的节点通常具有各种属性（例如表的宽度和高度）。不仅如此，在某些情况下，这些属性是具有其自身属性的对象，例如，节点的样式属性具有其自身的属性（例如字体系列、字体大小等）。

为了用动态逻辑编程来指定网页的外观和行为，我们按照表达这个状态的仿真事实的形式，使用词汇表来表示 DOM 的状态。

首先，我们为关心的 DOM 节点分配标识符。为了赋予它们含义，我们将每个标识符赋值为相应节点的 id 属性的值。例如，如果我们想使用标识符 mynode 来引用下面所示的 HTML 片段中的输入元素，我们会将该标识符列为该输入 widget 的 id 属性，如本例所示。

```
<center>
  <input id='mynode' type='text' value='hello'
  size='30' style='color:black'/>
</center>
```

接下来，我们发明谓词来描述这些节点的各种属性。有关最常用的谓词，请参见下文。例如，我们使用二元谓词 value 将输入节点（选择器或键入字段或文本区域）与其值相关联。

value(*widget*,*value*)：
只要与 widget 关联的值是 value，此仿真事实就为"真"。此处的 widget 可以是文本字段、选择器、单选按钮字段、滑块等。

holds(*widget*,*value*)：
只要有一个值与该多值节点 widget 相关联，此仿真事实就为"真"。在这种情况下，widget 为多值选择器或复选框字段。

attribute(*widget*,*property*,*value*)：
只要 widget 的属性为 value，此仿真事实就为"真"。

style(*widget*,*property*,*value*)：
只要 widget 的属性样式为 value，此仿真事实就为"真"。

```
innerhtml(widget,content):
```
只要 widget 的 innerHTML 是 content，此仿真事实就为"真"。请注意，content 通常是一个字符串。

有了这个词汇表，我们就可以以数据集的形式对相关信息进行编码。例如，上面显示的 DOM 片段的相关状态可以由下面显示的数据集表示。

```
value(mynode,hello)
attribute(mynode,size,30)
style(mynode,color,black)
```

16.4   手势

用户与网页的交互采取手势的形式（例如敲击键盘和单击鼠标）。为了讨论这些手势，我们需要适当的词汇。例如，我们使用 click 来表示单击按钮的操作。我们使用常量 select 表示从选择器中选择特定选项的操作。

```
select(widget,value):
```
当用户输入或选择 value 作为 widget 的值时，将发生此操作。此处的 widget 可以是对象或文本字段、选择器、多值菜单、复选框字段、单选按钮字段、滑块等。

```
deselect(widget,value):
```
当用户擦除或取消选择 value 作为 widget 的值时，将发生此操作。

```
click(widget):
```
当用户单击 widget 时，将发生此操作。

```
tick:
```
此操作会定期发生。默认情况下，此操作每秒发生一次。用户单击模拟控制框中的"Run"按钮或"Step"按钮也会发生这种情况。

```
load:
```
第一次加载页面时会发生这种情况。

```
unload:
```
当用户离开页面时，将发生此操作。

我们使用此词汇表来表示用户手势。例如，如果用户单击带有标识符 a 的按钮，我们将其表示为动作 click(a)。如果用户从标识符为 b 的选择器中选择 3，我们将其表示为 select(b,3)。

16.5　操作定义

给定一个词汇表用于编码数据和手势，我们可以通过编写适当的操作定义来描述工作表的行为。以下示例说明了如何完成此操作。

考虑以下带有标识的按钮，它们分别是橙色（orange），蓝色（blue），紫色（purple）和黑色（black）。

橙色　蓝色　紫色　黑色

假设我们希望工作表在用户单击这些按钮之一时更改此文档（标识为 page）的颜色。可以使用以下操作规则来描述此行为。

```
click(orange) :: style(page,color,orange)
click(blue) :: style(page,color,blue)
click(purple) :: style(page,color,purple)
click(black) :: style(page,color,black)
```

另外，我们可以通过使用变量来更紧凑地编写这些规则，如下所示。

```
click(X) :: style(page,color,X)
```

该规则如下：如果用户单击 id 为 X 的按钮，则在工作表的下一个状态下，标识为 page 的节点的 color 样式应为 X。

尽管这些操作规则可以正常工作，但它们还不够完善。这是因为在单击上述按钮后，工作表的状态可能包含形如 style(page,color,X) 的多个事实。为了完全指定所需的操作，我们需要在单击按钮时删除页面的现有样式仿真事实。可以使用以下操作规则来完成。

```
click(X) :: style(page,color,Y) & distinct(X,Y) ==>
~style(page,color,Y)
```

该规则如下：如果用户单击按钮 X，并且页面的颜色为 Y，则 Y 与 X 不同，则在工作表的下一个状态下，页面的颜色不应为 Y。

现在考虑另一个示例。在这里，我们将四个按钮替换为带有标识符 pagecolor 的选择器和四个选项：橙色、蓝色、紫色和黑色。

黑色

假设我们想根据所选值更改此文档的文本颜色。我们可以使用以下规则来描述这种行为。

```
select(pagecolor,X) :: style(page,color,X)
select(pagecolor,X) :: style(page,color,Y) ==> ~style(page,color,Y)
```

第一条规则指出，如果用户为 pagecolor 选择值 X，则在下一个状态下 style(page,color,X) 应该为"真"，即页面的文本颜色应为 X。第二条规则指出，如果用户为 pagecolor 选择值 X，并且页面的样式为 Y，并且 Y 与 X 不同，则 style(page,color,X) 在下一个状态下不应为"真"。

不幸的是，这还不够。我们的变迁会更改页面的颜色，但不会更改 pagecolor 属性的值。结果，在处理手势后它将重置为黑色。以下变迁规则更新选择器。

```
select(pagecolor,X) :: value(pagecolor,X)
select(pagecolor,X) :: value(pagecolor,Y) ==> ~value(pagecolor,Y)
```

作为最后一个示例，让我们看一个各个"输入 widget"之间交互的示例。第一个示例中四个按钮的操作规则可以正确更改页面的颜色。但是，它们不会更新选择器中指示的颜色。

下面显示的变迁规则规定了所需的行为。当用户单击带有标识符 X 的按钮时，我们希望更新选择器的值，并且希望删除先前的值。

```
click(X) :: value(pagecolor,X)
click(X) :: value(pagecolor,Y) ==> ~value(pagecolor,Y)
```

将这些规则与上面显示的规则结合在一起，可以使用户单击按钮或进行选择，并在两种情况下均获得相同的效果。

16.6 视图定义

在 16.5 节，我们看到单个手势可以具有多种效果。例如，更改名为 pagecolor 的选择器的值将设置选择器的值并更改页面的颜色。要实现此操作，我们需要在变迁规则中管理这两个条件，并且需要将这两个条件存储在我们的数据集中。此外，如果我们不小心，我们的定义可能会彼此不同步，并且我们将无法获得想要的行为。

好消息是，有时可以编写视图定义来更经济地且不易出错地描述这种行为。通过将某些谓词定义为其他谓词的视图，我们不需要存储太多的信息，并且可以用更少的变迁规则来解决。

在 16.5 节的情况下，假设我们想要根据 pagecolor 节点的值来定义 page 节点的颜色。定义如下所示：

```
style(page,color,X) :- value(pagecolor,X)
```

有了这个定义，我们可以用下面显示的四个规则替换 16.5 节中显示的操作规则。

```
click(X) :: value(pagecolor,X)
click(X) :: value(pagecolor,Y) ==> ~value(pagecolor,Y)

select(pagecolor,X) :: value(pagecolor,X)
select(pagecolor,X) :: value(pagecolor,Y) ==> ~value(pagecolor,Y)
```

这里的规则更少，并且它们提到的谓词也更少。特别是，这里没有提到 page 的样式。该属性完全由 pagecolor 的值确定，因此我们不需要在规则中存储或更新此信息。相反，工作表使用上面给出的视图定义来计算样式。

16.7　语义建模

迄今为止，我们已经讨论了纯粹的反应性工作表，其中的行为是直接根据可见特征和用户手势定义的。在本节，我们研究语义建模，即根据工作表的应用程序区域中的对象（例如人、地方、电影等）之间的关系来定义行为。我们将研究如何使用操作规则来更新此语义数据，并研究如何使用视图定义来根据语义信息定义语法属性。

考虑一个课程安排工作表，其布局如图 16-1 所示。在此布局中，多值选择器具有标识符：课程 1、课程 2、课程 3 和课程 4，并且具有秋季、冬季、春季和夏季等选项。

如果此工作表的用户在课程 1 中选择了"秋季"和"春季"选项，则将仿真事实 hold(course1,autumn) 和 hold(course1, spring) 添加到我们的数据集中。

从语义上来说，这意味着用户为秋季和春季选择了课程 1。

课程 1	课程 2	课程 3	课程 4
秋季 冬季 春季 夏季	秋季 冬季 春季 夏季	秋季 冬季 春季 夏季	秋季 冬季 春季 夏季

图   16-1

现在，请考虑如图 16-2 所示的课程安排工作表的替代布局，其中选择器具有标识符秋季、冬季、春季和夏季，选择器具的可选项目有：课程 1、课程 2、课程 3 和课程 4（指一个季度内可能要修的课程）。

秋季	冬季	春季	夏季
课程 1 课程 2 课程 3 课程 4	课程 1 课程 2 课程 3 课程 4	课程 1 课程 2 课程 3 课程 4	课程 1 课程 2 课程 3 课程 4

图   16-2

在这种替代布局中，用户的课程选择对应于事实 holds(autumn,course1) 和 holds(spring,course1)。请注意，这些事实与上一个工作表中存储的事实不同，即 holds(course1,autumn) 和 holds(course1,spring)。但是从概念上讲没有任何改变。在这两种情况下，用户都为秋季和春季选择了课程 1。

这两个概念上相同的工作表，在状态之间的差异是由于其布局的差异。设计工作表语义模型的一种方法是将工作表状态中存储的内容与所呈现的内容（例如 style、value 和 holds）分开。

第一步是为工作表的 widget 上的手势写出操作规则，并使其效果与语义上有意义的关系相对应。

例如，在第一个课程安排工作表中，我们使用如下操作规则。

```
select(Course,Quarter) :: taken(Course,Quarter)
deselect(Course,Quarter) :: ~taken(Course,Quarter)
```

在第二个课程安排工作表中（概念与第一个相同），我们编写如下规则。

```
select(Quarter,Course) :: taken(Course,Quarter)
deselect(Quarter,Course) :: ~taken(Course, Quarter)
```

创建语义工作表的第二步是将工作表的布局定义为这些语义上有意义的关系的视图。

例如，在第一个课程安排工作表中，我们将 holds 定义为 taken 的视图。

```
holds(Course,Quarter) :- taken(Course,Quarter)
```

在第二个课程安排工作表中，我们将 hold 定义为：

```
holds(Quarter,Course) :- taken(Course,Quarter)
```

现在，假设用户在秋季和春季选择了课程 1。存储在两个工作表中的事实将是相同的。

```
taken(course1,autumn)
taken(course1,summer)
```

结果，每个工作表上的规则实际上构成了用于显示和更新该数据的样式表（stylesheet）。这样做的一个重要好处是，工作表中隐含的应用程序数据可以与其他以不同方式管理数据的工作表交换。

结　论

其他类型的逻辑程序设计

17.1 引言

在本章，我们将简要介绍几种其他类型的逻辑程序设计：逻辑生产系统、约束逻辑编程、析取逻辑编程、存在逻辑编程、回答集编程和归纳逻辑编程。

17.2 逻辑生产系统

生产系统是一种编程语言范式，已广泛用于计算机系统（例如专家系统），也用于表示人类的思维过程。生产系统中的规则形如：条件→动作。规则重复执行：工作内存中的事实与规则中的条件相匹配，以得到要执行的动作。工作内存类似于本书讲到的数据集。如果有多个规则满足条件，则执行一个选择以挑选应执行的规则。规则的执行涉及从工作内存中添加和删除事实。规则选择策略的一个示例是将优先级与规则相关联，并选择较高优先级的规则而不是较低优先级的规则。规则的重复执行会生成工作内存的连续状态，并且这种行为为规则提供了操作语义（operational semantics）。

生产规则已用于对三种情况进行建模：刺激 – 反应联结；前身链接；目标简化。我们在 14.2 节中看到了一个带有三盏灯的刺激 – 反应联结的示例：每当用户按下一个按钮（即一个刺激）时，反应就是系统切换相应的灯。

```
push_button :: p   ==> ~p
push_button :: ~p  ==> p
```

以下规则是我们在 4.5 节中看到的一个前向链接的示例，因为每当我们添加一个 parent 事实时，新的 grandparent 事实就会生成并添加到数据集中。这些规则也可以概括为用于更新物化视图的一组操作，如 15.3 节所示。

```
parent(X,Y) & parent(Y,Z) ==> grandparent(X,Z)
```

在 11.4 节中讲到的计划问题的背景下，作为目标简化的示例，请考虑以下规则，在该规则中，我们声明：如果可以通过在状态 s 中执行动作 a 来实现目标状态，则我们有可能在状态 s 中执行动作 a，那么该目标可以简化为达到状态 s 的目标。

```
goal(do(a,s)) & possible(a,s)  ==>  goal(s)
```

基于以上示例，我们可以看到在本书中考虑的生产规则与动态规则和操作之间存在自然的相似之处。在逻辑生产系统（LPS）框架中，第一种生产规则表示为动态规则，第二种和第三种生产规则表示为视图定义。LPS 除了为动态规则提供类似于生产系统的操作语义外，还为动态规则提供逻辑语义。它将动态规则解释为声明性语句，这些语句需要在模型中设置为真，该模型包含：时间戳关系值、外部事件和动作。

17.3 约束逻辑编程

考虑 10.2 节中的皮亚诺公理和以下查询：

```
number(L) & number(M) & add(L,M,N) & add(L,M,s(N))
```

由于上面的查询相当于证明 N = N + 1，因此它是不正确的，但将它提交到逻辑编程系统中时，它将无限期地运行。这是因为第 8 章考虑的评估算法不会检查子目标之间约束的满足性。在约束逻辑程序（CLP）中，在评估的每个步骤中都要测试所有约束的集合的可满足性，因此，可知上述查询为假。

除了检查约束的全局满足性之外，CLP 系统还允许将约束直接表示为等式。它允许约束出现在查询中。在查询评估期间，它可能会产生新的约束。为了说明这些功能，请考虑以下程序，该程序计算从 0 到 N 的整数之和 S：

```
sumto(0,0)
sumto(N,S) :- N ≥ 1 & N ≤ S & sumto(N-1,S-1)
```

在上面的第二条规则中，约束条件是直接使用等价项来表示的，而算术表达式作为子目标的参数出现。此外,第二条规则是不安全的,因为 N 和 S 在绑定之前都已在其主体内使用。CLP 系统能够处理此类不安全的规则。在评估过程中,它还会产生新的约束。例如,在查询的评估中,$S \leqslant 1$,上面的第二条规则将导致其主体的以下扩展版本:

$$N = N_1 \ \& \ S = S_1 \ \& \ N_1 \ \geqslant \ 1 \ \& \ N_1 \ \leqslant \ S_1 \ \& \ \text{sumto}(N_1-1, S_1-1)$$

上面的示例说明了由 CLP 系统处理的最简单的约束形式:算术相等和不相等。本书考虑的视图定义中可能会出现这种算术约束。在 6.5 节,即使该问题的解决方案不需要检查子目标的约束,我们在密码算术问题中也看到了使用这种算术不等式约束的示例。在约束逻辑编程框架中,将第 8 章的合一过程推广到每当待匹配表达式包含约束时,就调用约束解算器。在评估的每个步骤中,我们必须在选定的子目标和要证明的目标之间找到一个合一子,并产生任意的新约束。另外,我们必须检查当前约束集与视图定义主体中的约束的一致性。因此,涉及两个解算器:合一和用于约束的特定约束解算器。

除了简单的算术等式和不等式约束之外,对于 CLP 的基本框架还存在许多扩展。在某些 CLP 系统中,可能允许约束,其中值是浮点数或被多项式方程式定义。CLP 也已被用于组合搜索问题,例如,第 3 章的"地图着色"问题。在某些组合问题中,目标不仅是找到一个解决方案,而且根据一个或多个优化标准找到最优解决方案、寻找所有解决方案、用偏好替换部分或全部约束,以及考虑将约束分布在多个代理之间的分布式情景。

17.4　析取逻辑编程

在第 2 章,我们将数据集定义为简单事实的集合,这些事实刻画了应用领域的状态。数据集中的事实为真;数据集中未包含的事实为假。在某些情况下,我们对应用程序领域的了解并不完整,因为如果给定一组事实,我们知道其中有一个或多个事实为真,但不知道具体哪个为真。例如,给定一个人对象 joe,我们知道 male(joe) 或 female(joe) 其中有一个为真,但我们不知道具体哪一个为真。

为了理解不完全信息带来的困难,请考虑这样一个世界,在这个世界中,我们有两个对象 a 和 b,一元关系 p 和析取句 (p(a)|p(b))(其中" | "是"或"运算符)。回想一下第 7 章,当且仅当在一个仿真事实在程序的每个模型中都为真时,

该事实才被一个封闭逻辑程序逻辑地蕴含。在此示例中，一个包含 p(a) 的集合、一个包含 p(b) 的集合以及一个包含 p(a) 和 p(b) 的集合都是程序的模型，但是这些集合的交集为空，空集也是一个模型。这使我们能够得出结论 ~p(a) 和 ~p(b)，这与我们的析取句相矛盾。通过对析取逻辑编程的广泛探索，允许我们研究使用这些不完备性进行有效推理的各种技术。接下来，我们考虑一种这样的技术。

我们将一组确定的事实当作基本原子事实，这些原子事实出现在所有最小模型中或不出现在任一最小模型中。如果我们需要确定 (p(a)|p(b)) 是否为真，则只需检查每个最小模型中 p(a) 为真还是 p(b) 为真即可。如果是这样，我们可以得出结论 (p(a)|p(b)) 为真。为了更好地理解该技术，让我们考虑一个如下所示的更丰富的析取逻辑程序。

```
q(a)
p(a) | p(b)
```

上面的程序有两个最小模型：一个包含 q(a) 和 p(a)，另一个包含 q(a) 和 p(b)。这里，一组确定事实包含 q(a)，因为 q(a) 在两个最小模型中都出现，也包含 q(b)，因为 q(b) 不出现在任何最小模型中。我们可以通过验证每个极小模型是否包含 p(a) 或 p(b) 来确定 p(a)|p(b) 是否为真。

17.5　存在逻辑编程

存在规则是一个原子的头部有一个函数项的规则。这样的规则在数据库系统中也称为元组生成依赖项。在此，我们将包含存在规则的逻辑程序称为存在逻辑程序。考虑以下存在规则：

```
owns(X,house(X)) :- instance_of(X,person)
has_parent(X,f(X)) :- instance_of(X,person)
has_parent(X,g(X)) :- instance_of(X,male)
instance_of(f(X),person) :- instance_of(X,person)
instance_of(g(X),person) :- instance_of(X,person)
```

第一条规则断言，如果 X 是一个人，则 X 拥有 house(X)。第二条规则断言，如果 X 是一个人，则 f(X) 是该人的父母。第三条规则断言，如果 X 是男性，则 g(X) 是 X 的父项。第四和第五条规则断言，对于每个人，f(X) 和 g(X) 也是一个人的实例。这五条规则中的每条规则都有一个函数项，因此是一条存在规则。

我们可以在基本逻辑编程中编写存在规则，但是它们的有效使用带来了两个新的挑战：推理的终止和知识不完整的推理。

上面显示的第一条存在规则是存在规则的最简单形式。就其本身而言，它在终止推理方面不存在任何问题。但是，第四条存在规则会导致一种非终止行为，因为它可以递归地应用于自身，从而得出无数的结论。

接下来让我们考虑一个知识不完整的示例。从第二条规则中，我们得出 has_parent(X,f(john))，从第三条规则中，我们得出 has_parent(X,g(john))，但是 f(john) 和 g(john) 之间的关系未指定。从逻辑上讲，f(john) 和 g(john) 是两个单独的对象，但是在某些情况下可能需要得出结论，即它们是指同一个人。

17.6　回答集编程

第 7.3 节定义逻辑程序的语义时，我们说当且仅当 p 在 D 中，解释 D 满足基原子 p。我们进一步说，当且仅当 p 不在 D 中，D 满足一个基否定 $\sim p$。这种定义语义的方法也被称为否定失败，因为我们假设一个被否定的原子由于在 D 中的缺失而被满足。对于一个安全的分层逻辑程序，作为失效语义的否定确保唯一的模型存在。

回答集编程（Answer Set Programming, ASP）是一种定义逻辑程序语义的方法，它可能不分层。例如，考虑以下规则。

```
p(1)              p(2)                    p(3)
q(3) :- ~r(3)     r(X) :- p(X) & ~q(X)
```

以上规则未分层。在 ASP 中，以上规则导致了以下所示的两个回答集：

回答集 1：

```
p(1)    p(2)    p(3)    q(3)    r(1)    r(2)
```

回答集 2：

```
p(1)    p(2)    p(3)    r(3)    r(1)    r(2)
```

回答集解算器是将回答集程序作为输入并输出该程序的所有回答集的程序。典型的回答集解题器不需要输入查询。在本节中，我们将考虑回答集逻辑程序的语义以及它们的一些重要扩展。

定义回答集语义的第一步是计算规则的所有实例的集合。例如，对于上述程序，基本程序如下所示。

```
p(1)                  p(2)                     p(3)
q(3) :- ~r(3)         r(1) :- p(1) & ~q(1)
r(2) :- p(2) & ~q(2)  r(3) :- p(3) & ~q(3)
```

对于不包含任何否定原子的程序，或者如果该程序包含否定原子，但它是安全且分层的程序，它将只设置一个回答集。这种程序的回答集与 7.3 节中定义的扩展相同。

接下来，我们考虑那些包含未分层原子的负原子的程序。为了确定基本原子的集合 S 是否为回答集，我们形成关于 S 的基本程序的简化，如下所示。对于基本程序的每一条规则，如果 S 在规则主体中不包含任何被否定的项，则我们从该规则中删除负原子，而只保留它的正原子。所有其他规则都将从基本程序中删除。该简化并不包含任何负原子，我们计算它的延伸（如在 7.3 节中定义的那样）。如果这个扩展与 S 一致，则 S 是给定程序的回答集。

例如，假设我们希望测试 S={p(1),p(2),p(3)} 是否是上面所示的闭程序的回答集。程序相对于 S 的简化如下所示：

```
p(1)            p(2)              p(3)
q(3)            r(1) :- p(1)
r(2) :- p(2)    r(3) :- p(3)
```

简化的扩展是 {p(1),p(2),p(3),r(1),r(2),r(3),q(3)}，它与 S 不同。因此，S={p(1),p(2),p(3)} 不是此程序的回答集。

现在，假设 S={p(1),p(2),p(3),q(3),r(1),r(2)}。关于该新回答集的程序的简化如下所示：

```
p(1)    p(2)          p(3)
q(3)    r(1) :- p(1)  r(2) :- p(2)
```

该程序的扩展为 {p(1),p(2),p(3),q(3),r(1),r(2)}，它与 S 相同。因此，S={p(1),p(2),p(3),q(3),r(1),r(2)} 是此程序的回答集。

回答集语义提供了一种优雅的方式来定义未分层逻辑程序的含义。研究发现，ASP 对于广泛的组合问题的声明性规范很有用，特别是那些阐述复杂约束的组合问题。另外，ASP 框架使其易于泛化，以处理算术和析取。公共域和商业 ASP 解算器现已上市，它们在小问题上的运行时性能令人印象深刻。

17.7　归纳逻辑编程

归纳是从具体到一般的推理。例如，考虑以下关于亲属关系的数据集，该数据集与我们在前面各章考虑的数据集相似。

```
parent(a,b)     parent(a,c)     parent(d,b)
father(a,b)     father(a,c)     mother(d,b)
male(a)         female(c)       female(d)
```

给定上述数据集，我们可以使用归纳推理来推断以下规则（或视图定义）：

```
father(X,Y) :- parent(X,Y) & male(X)
mother(X,Y) :- parent(X,Y) & female(X)
```

在归纳逻辑编程中，给定数据集、一组初始视图定义和目标谓词，我们可以为目标谓词推断视图定义。在上面的示例中，我们得到了一个数据集，没有起始的视图定义，我们可以推断 father 视图和 mother 视图的定义。

在归纳逻辑编程的上下文中，数据集也称为一个正例集。一些归纳推理算法也将一组否定示例作为输入。如果未提供负例，它们可以算作海尔勃朗基的基本原子集，这些基本原子未在数据集中。正、负例的组合集合也被称为训练数据。

归纳逻辑编程算法分为两大类：自顶向下，以及反向演绎（简称"反演"）。在自顶向下的学习方法中，我们从一般的视图定义开始，并对其进行限制，直到它满足所有正、负例。在反演方法中，我们从已知事实开始，然后搜索得出这些事实所必需的视图定义。

EpilogJS 中的预定义概念

A.1 介绍

EpilogJS 是一个 Javascript 子程序库，用于处理用 Epilog 编写的逻辑程序。本附录是 EpilogJS 支持的预定义函数、预定义关系和各种运算符的用户指南。

A.2 关系

`same(expression,expression)`

当且仅当 x 和 y 相同时，语句 same(x, y) 为真。例如，same(f(b),f(b)) 为真。

`distinct(expression,expression)`

当且仅当 x 和 y 不相同时，语句 distinct(x, y) 为真。例如，same(f(a), f(b)) 为真。

`evaluate(expression,expression)`

当且仅当 x 的值为 y 时，语句 evaluate(x, y) 为真。例如，evaluate(plus(2, 3),5) 为真。

`member(expression,list)`

当且仅当 x 是列表 l 的成员时，语句 member(x, l) 才为真。例如，member(b, [a,b,c]) 为真。

`true(sentence,expression)`

当且仅当在数据集 d 中语句 p 为真时，语句 true(p, d) 才为真。例如，如果名为 mydataset 的数据集包含语句 p(a,b)，则 true(p(a,b),mydataset) 为真。

A.3 数学函数

abs(*number*) → *number*

　　abs(*x*) 的值是 *x* 的绝对值。例如，abs(-8) 的值为 8。

acos(*number*) → *number*

　　acos(*x*) 的值是 *x* 的反余弦值。例如，acos(1) 的值为 0。

acosh(*number*) → *number*

　　acosh(*x*) 的值是 *x* 的反双曲余弦值。例如，acosh(1) 为 0。

asin(*number*) → *number*

　　asin(*x*) 的值是 *x* 的反正弦值。例如，asin(0) 的值为 0。

asinh(*number*) → *number*

　　asinh(*x*) 的值是 *x* 的反双曲正弦值。例如，asinh(0) 为 0。

atan(*number*) → *number*

　　atan(*x*) 的值是 *x* 的反正切。例如，atan(0) 的值为 0。

atan2(*number*,*number*) → *number*

　　atan2(*x*, *y*) 的值是 *x/y* 的反正切值。例如，atan2(0,1) 的值为 0。

atanh(*number*) → *number*

　　atanh(*x*) 的值是 *x* 的反双曲正切值。例如，atanh(0) 的值为 0。

cbrt(*number*) → *number*

　　cbrt(*x*) 的值是 *x* 的立方根。例如，cbrt(8) 的值为 2。

ceil(*number*) → *number*

　　ceil(*x*) 的值是大于 x 的最小整数。例如，ceil(2.2) 的值为 3。

clz32(*number*) → *number*

　　clz32(*x*) 的值是 *x* 的 32 位表示形式中前导零的数目。例如，clz32(2147483647) 的值为 1。

`cos(`*number*`)` → *number*

    $\cos(x)$ 的值是 x 的余弦值。例如，`cos(0)` 的值为 1。

`cosh(`*number*`)` → *number*

    $\cosh(x)$ 的值是 x 的双曲余弦值。例如，`cosh(0)` 的值为 1。

`exp(`*number*`)` → *number*

    $\exp(x)$ 的值是 e 的 x 次幂。例如，`exp(1)` 的值是 ~2.718281828459045。

`expm1(`*number*`)` → *number*

    $\mathrm{expm1}(x)$ 的值是 e 的 x 次幂减 1。例如，`expm1(0)` 的值等于 1。

`floor(`*number*`)` → *number*

    $\mathrm{floor}(x)$ 的值是小于 x 的最大整数。例如，`floor(1.6)` 为 1。

`fround(`*number*`)` → *number*

    $\mathrm{fround}(x)$ 的值是最接近 x 的单精度浮点数。

`hypot(`*number*`,···,`*number*`)` → *number*

    $\mathrm{hypot}(x1, \cdots xk)$ 的值是 $x1, \cdots, xk$ 的平方和的平方根。例如，`hypot(3,4)` 的值为 5。

`imul(`*number*`,`*number*`)` → *number*

    $\mathrm{imul}(x, y)$ 的值是两个数以 32 位带符号整数形式相乘的结果，返回的也是一个 32 位的带符号整数。例如，`imul(4294967295,-5)` 的值为 5。

`log(`*number*`)` → *number*

    $\log(x)$ 的值是 x 的自然对数。例如，`log(1)` 的值为 0。

`log1p(`*number*`)` → *number*

    $\mathrm{log1p}(x)$ 的值是 $x+1$ 的自然对数。例如，`log1p(0)` 的值是 0。

`log2(`*number*`)` → *number*

    $\mathrm{log2}(x)$ 的值是 x 的以 2 为底的对数。例如，`log(8)` 的值为 3。

`log10(`*number*`)` → *number*

    $\mathrm{log10}(x)$ 的值是 x 的以 10 为底的对数。例如，`log(100)` 的值为 2。

max(*number*,···,*number*) → *number*

max($x1, ···, xk$) 的值是 $x1, ···, xk$ 的最大值。例如，max(3,4,1,2) 为 4。

min(*number*,···,*number*) → *number*

min($x1, ···, xk$) 的值是 $x1, ···, xk$ 的最小值。例如，min(3,4,1,2) 为 1。

minus(*number*,···,*number*) → *number*

minus($x1, ···, xk$) 的值是 $x1, ···, xk$ 的差。例如，minus(9,4,3) 是 2。

plus(*number*,···,*number*) → *number*

plus($x1, ···, xk$) 的值是 $x1, ···, xk$ 的总和。例如，plus(2,3,4) 是 9。

pow(*number*,*number*) → *number*

pow(x, y) 的值 x 的 y 次幂。例如，pow(2,3) 的值为 8。

quotient(*number*,···,*number*) → *number*

quotient($x1, ···, xk$) 的值是 $x1, ···, xk$ 的接续求商。例如，quotient(12,3,2) 的值为 2。

random() → *number*

random() 的值是介于 [0,1) 之间的随机数。例如，随机数的一个可能值为 0.23。

round(*number*) → *number*

将 round(x) 的值四舍五入到最接近的整数。例如，1.6 的值是 2。

sin(*number*) → *number*

sin(x) 的值是 x 的正弦值。例如，sin(0) 的值为 0。

sinh(*number*) → *number*

sinh(x) 的值是 x 的双曲正弦值。例如，sinh(0) 的值为 0。

sqrt(*number*) → *number*

sqrt(x) 的值是 x 的正平方根。适用于任何非负数 x。例如，sqrt(4) 的值为 2。

tan(*number*) → *number*

tan(x) 的值是 x 的正切值。例如，tan(0) 的值为 0。

tanh(*number*) → *number*

　　tanh(*x*) 的值是 *x* 的双曲正切值。例如，tanh(0) 的值为 0。

times(*number*,···,*number*) → *number*

　　times(*x1*, ···, *xk*) 的值是 *x1*, ···, *xk* 的乘积。例如，times(2,3,4) 是 24。

trunc(*number*) → *number*

　　trunc(*x*) 的值是 *x* 的整数部分（除去任何小数部分）。例如，trunc(2.3) 的值为 2，trunc(-2.3) 的值为 -2。

A.4　字符串函数

stringappend(*string*,···,*string*) → *string*

　　stringappend(*l1*,···,*sk*) 的值是 *s1*, ···, *sk* 的串联。例如，stringappend("Hello",",","World","!") 的值为 "Hello,World!"。

stringmin(*string*,···,*string*) → *string*

　　stringmin(*s1*,···,*sk*) 的值是在指定字符串中按字典顺序最小的 *si*。例如，stringmin("def","abc","efg") 的值为 "abc"。

matches(*string*,···,*string*) → *string*

　　如果字符串 *str* 与正则表达式 *pat* 匹配，matches(str,pat) 的值是一个列表，该列表包含了 *str* 的两种子串：一种是 *str* 中与 *pat* 匹配的子串，另一种是 *str* 中与 *pat* 的带括号的部分匹配的子串。例如，matches("321-1245","(.)-(.)") 的值为 ["1-1","1","1"]。

submatches(*string*,···,*string*) → *string*

　　submatches(*str*, *pat*) 的值是 *str* 的所有与正则表达式 *pat* 匹配的子串列表。例如，matches("321-1245",".2.") 的值为 ["321","124"]。

A.5　列表函数

append(*list*,···,*list*) → *list*

　　append(*l1*,···,*lk*) 的值是 *l1*,···, *lk* 的拼接。例如，append([a,b,c],[d,e,f]) 的值为 [a,b,c,d,e,f]。

revappend(*string*,*string*) → *string*

revappend(*l*1, *l*2) 的值是将 *x* 的逆序连接到 *y* 的结果。例如，revappend([a,b,c],[d,e,f]) 的值为 [c,b,a,d,e,f]。

reverse(*list*) → *list*

reverse([*x*1,⋯, *xk*]) 的值为 [*xk*,⋯, *x*1]。例如，reverse([a,b,c]) 的值为 [c,b,a]。

length(*list*) → *number*

length(*l*) 的值是 *l* 的长度。例如，length([a,b,c]) 的值为 3。

A.6　算术函数列表

maximum([*number*,···,*number*]) → *number*

maximum([*x*1,⋯, *xk*]) 的值是指定列表中的最大元素。例如，maximum([3,4,1,2]) 的值为 4。

minimum(*list*) → *number*

minimum([*x*1,⋯, *xk*]) 的值是指定列表中的最小元素。例如，minimum([3,4,1,2]) 的值为 1。

sum(*list*) → *number*

sum([*x*1,⋯, *xk*]) 的值是指定列表中元素的总和。例如，sum([3,4,1,2]) 的值为 10。

range(*list*) → *number*

range([*x*1,⋯, *xk*]) 的值是指定列表中元素的范围，即最大元素和最小元素之间的差。例如，range([3,4,2,1]) 的值为 3。

midrange(*list*) → *number*

midrange([*x*1,⋯, *xk*]) 的值是指定列表中元素的中间范围，即最大元素和最小元素之和的一半。例如，midrange([3,4,2,1]) 的值为 2.5。

mean(*list*) → *number*

mean([*x*1, ⋯, *xk*]) 的值是指定列表中元素的平均值。例如，mean([3,4,2]) 的值为 3。

median(*list*) → *number*

　　median([*x*1,···, *xk*]) 的值是指定列表中元素的中位数。例如，median([3,14,2]) 的值为 3。

variance(*list*) → *number*

　　variance([*x*1,···, *xk*]) 的值是指定列表中元素的方差。例如，variance ([3,4,2,1]) 的值为 1.25。

stddev(*list*) → *number*

　　stddev([*x*1,···, *xk*]) 的值是指定列表中元素的标准偏差。例如，stddev([3,4,2,1]) 的值为 ~1.118033988749895。

A.7　转换函数

symbolize(*string*) → *symbol*

　　symbolize(*str*) 的值是仅由 *str* 中的字母、下划线和数字组成的符号，其中所有大写字母均已转换为小写。例如，symbolize("Your name.") 的值为 yourname。

newsymbolize(*string*) → *newsymbol*

　　newsymbolize(*str*) 的值是仅由 *str* 中的字母、下划线和数字组成的符号，其中所有大写字母均已转换为小写，并且所有空格均已由下划线代替。例如，newsymbolize("Your name.") 的值为 your_name。

readstring(*string*) → *expression*

　　readstring(*str*) 的值是第一个表达式，可以从 *str* 中的字符进行解析。例如，readstring("p(a)p(b)") 的值为 p(a)。

readstringall(*string*) → *expression*

　　readstring(*str*) 的值是可以从 *str* 中的字符进行解析的所有表达式的列表。例如，readstring("p(a)p(b)") 的值为 [p(a),p(b)]。

stringify(*expression*) → *string*

　　stringify(*expression*) 的值为表达式的字符串表示形式。例如，stringify (p(a)&p(b)) 的值为 "p(a) & p(b)"。

stringifyall(*expression**) → *string*

　　stringifyall([*x1*,···, *xk*]) 的值是 *x1*,···, *xk* 的字符串表示形式。例如，stringifyall([p(a),p(b)]) 的值为 "p(a)p(b)"。

listify(*expression*) → *list*

　　listify(*expression*) 的值是 *expression* 作为列表的表示形式。例如，listify(p(a,b)) 的值为 [p,a,b]。

delistify(*list*) → *expression*

　　delistify(*l*) 的值是 *l* 作为表达式的表示。例如，delistify([p,a,b]) 的值为 p(a,b)。

A.8　集合

setofall(*expression*,*sentence*) → *list*

　　setofall([*x*, *p*]) 的值是由 *x* 的所有不同实例组成的列表，对于这些实例，*p* 的对应实例为真。例如，给定一个包含 p(a,b)、p(a,c) 和 p(a,d) 的数据集，则 setofall(X,p(a,X)) 的值为 [b,c,d]。

countofall(*expression*,*sentence*) → *number*

　　countofall([*x*, *p*]) 的值是 *x* 的不同实例的数量，其中 *p* 的对应实例为真。例如，给定一个包含 p(a,b)、p(a,c) 和 p(a,d) 的数据集，countofall(X,p(a,X)) 的值为 3。

A.9　操作符

nil

　　符号 nil 是空列表的另一种表示形式，即 nil 和 [] 是同义词。

cons(*expression*,*list*)

　　符号 cons 是 Epilog 列表中使用的主要运算符。例如，list[a,b,c] 等价于 cons(a,cons(b,cons(c,nil)))。请注意，a!b!c!nil 是编写此表达式的另一种方法。

not(*sentence*)

　　符号 not 是否定中的主要运算符。例如 ~p(a) 等价于 not(p(a))。

and(*expression*,···,*expression*)

符号 and 是合取式中的主要运算符。例如，(p(X)&q(X)) 等价于 and (p(X),q(X))。

or(*expression*,···,*expression*)

符号 or 是析取式中的主要运算符。例如，(p(X)|q(X)) 等价于 or(p(X),q(X))。

rule(*expression*,···,*expression*)

符号 rule 是视图定义中规则的主要运算符。例如，规则 r(X):-p(X)&q(X) 等价于 rule(r(X),p(X),q(X))。

definition(*expression*,*expression*)

符号 definition 是函数定义的主要运算符。例如，定义 f(X):=g(h(X)) 等价于 definition(f(X),g(h(X)))。

transition(*expression*,*expression*)

符号 transition 是变迁规则的主要运算符。例如，变迁规则 p(X)==>q(X) 等价于 transition(p(X),q(X))。

if(*condition1*, *expression1*, ···, *conditionN*, *expressionN*)

符号 if 是函数定义中的主要条件运算符。if(condition1,expression1, condition2,expression2,···,conditionN,expressionN) 的值为 expression1，前提是 condition1 为真；否则，值为 expression2，前提是 condition2 为真；以此类推。例如，若 p(a) 为真，则 if(p(a),"yes",true,"no") 的值为 yes，否则为 no。

此内建函数是可变参数，即参数的数量不固定。

choose(*expression1*,*sentence*)

choose(*expression*,*sentence*) 的值是集合 {*expression* | *sentence* evaluates to true} 的随机成员。例如，对于数据集 {r(a),r(b)} 而言，chooce(f(X), r(X)) 的值可以是 f(a) 或 f(b)。

Sierra

B.1 介绍

Sierra 是 Epilog 的基于浏览器的交互式开发环境（IDE），它允许用户查看和编辑数据集和规则集，并提供了用于查询和修改数据集和规则集的各种工具。只要数据有变动，Sierra 就会根据用户的规则以类似于电子表格的方式自动更新可视数据集。它还提供用于分析数据集和规则集的工具，如用于跟踪程序执行的工具，以及用于保存和加载文件的工具。

本文档介绍了 Sierra 的主要功能。我们将了解如何加载 Sierra，如何创建、查看和编辑数据集和规则集，如何保存自己的工作以备后用等。我们建议你在自己的浏览器中依次执行下文给出的操作步骤。

B.2 入门指南

鉴于 Sierra 需要浏览器，因此我们首先加载合适的浏览器，支持 Sierra 的浏览器有 Safari、Chrome、Firefox 等。本例中，我们使用 Safari，实际上，主流浏览器的外观和交互功能大体相同。

打开链接 http://epilog.stanford.edu/homepage/sierra.php，显示的页面如图 B-1 所示。

顶部的菜单栏提供了对有关文件、数据集、通道、规则集、各种工具和系统设置的访问，我们将会逐一介绍。

图　B-1

B.3　数据

单击"Dataset"菜单，我们看到两个选择：Lambda（默认数据集）和 New Dataset（用于创建新数据集）。首先，点击 Lambda，打开一个名为 Lambda 的数据集窗口，最初为空，如图 B-2 所示。

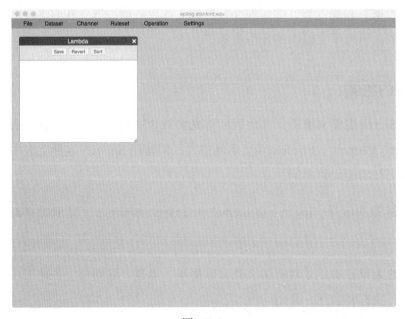

图　B-2

我们可以通过在窗口中输入数据。在这里，我们输入了事实 p(c,d)、p(a,b) 和 p(b,c)。该窗口以红色高亮显示，表明我们已经进行了更改，但尚未将这些更改提交到数据库，如图 B-3 所示。

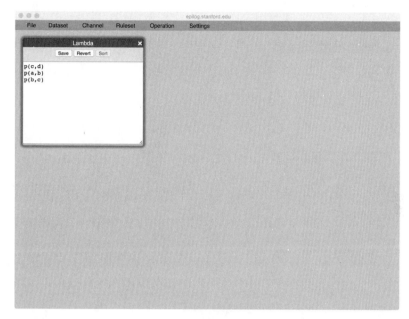

图　B-3

单击"Save"按钮以保存数据，此时，高亮显示消失，表明该窗口正在显示当前数据，如图 B-4 所示。

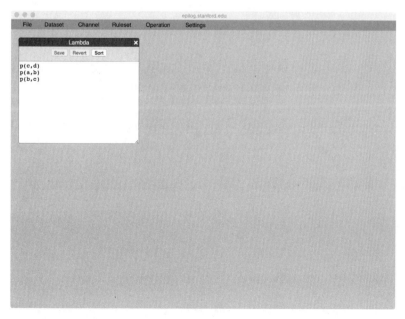

图　B-4

此时，我们可以添加或删除数据或以其他方式更改它。一种有用的功能是对数据进行排序，这可以通过按下"Sort"按钮来完成。请注意，该窗口再次高亮显示，表明排序操作的结果尚未保存到数据库，如图 B-5 所示。

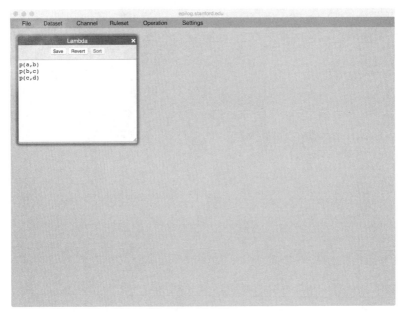

图　B-5

再按一次"Save"会将这些更改提交到数据库，如图 B-6 所示。

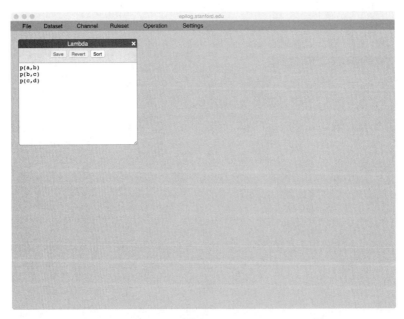

图　B-6

假设我们编辑的数据在语法上非法，如图 B-7 所示。

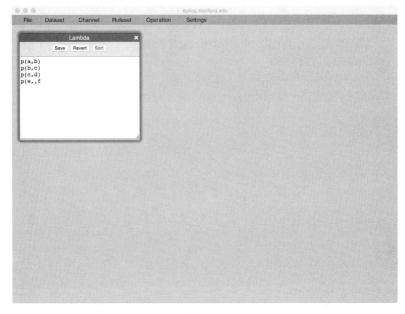

图　B-7

如果我们点击"Save"按钮，则会弹出语法错误提示，并且不修改数据库，如图 B-8 所示。

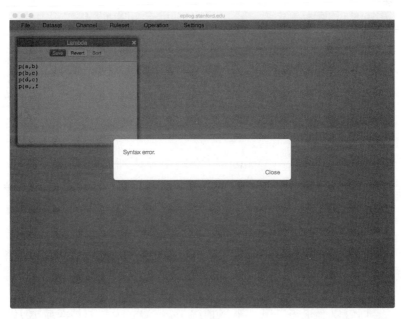

图　B-8

此时，我们可以修复问题然后重试，也可以单击"Revert"按钮以返回到数据库中数据集的当前状态，如图 B-9 所示。

图　B-9

B.4　查询

"Operation"菜单包含了用于以编程方式查询和更新数据的工具。如果选择"Query"工具，则会得到一个类似于图 B-10 所示的窗口。请注意，该窗口可能会出现在现有窗口的顶部。要移动窗口，请单击窗口的标题栏并将其拖动到所需的位置。如果要调整窗口大小，请单击右下角的选项卡，然后将其调整到所需的大小。在这里，我们将窗口重新定位在"Lambda 窗口"的右侧。

为了形成查询，我们在"Pattern"字段中输入所需答案的表达式，然后在"Query"字段中输入查询。在这里，我们请求得到形如 goal(X,Z) 的所有表达式，其中 p(X,Y)&p(Y,Z) 为真，如图 B-11 所示。

按下"Show"按钮将评估查询并显示结果：goal(a,c) 和 goal(b,d)，如图 B-12 所示。

通常，查询可以有很多答案。默认情况下，"Query"工具仅显示 100 个答案，如计数字段中所示。我们可以通过编辑此字段来更改默认值。对于消耗系统资源多的查询，通常只需要一个结果即可，如果要查看余下答案，可以单击"Next"按钮来获得下一批答案。

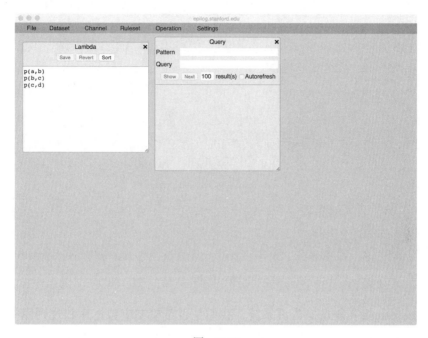

图　B-10

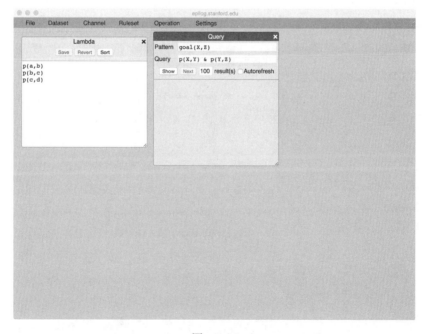

图　B-11

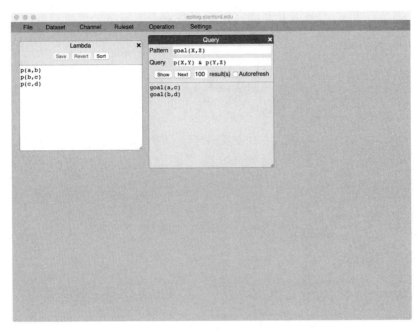

图　B-12

　　"Autorefresh"复选框告诉系统,我们是否希望响应数据库和规则库中的更改而自动重新计算查询。在这里,我们已经选中了该复选框,从而要求系统自动刷新,如图 B-13 所示。

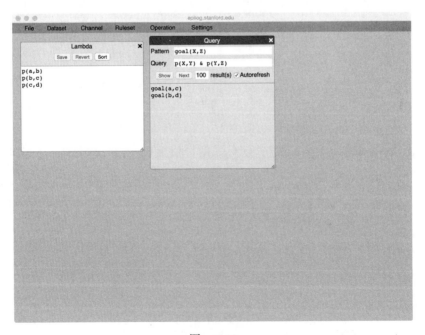

图　B-13

现在，让我们回到"Lambda 窗口"并添加另一个事实，如图 B-14 所示。

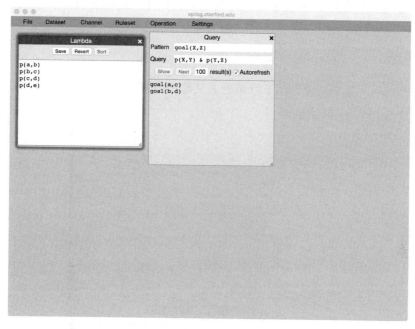

图　B-14

当我们点击"Save"时，数据将被保存，并且查询窗口将自动更新，如图 B-15 所示。

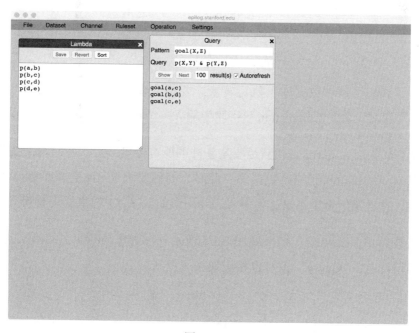

图　B-15

请注意，通常用户会同时打开多个查询窗口并选中其"Autorefresh"复选框。当对数据库进行更改时，所有这些框将以电子表格样式自动刷新。

B.5　更新

"Operation"菜单还包含用于以编程方式修改数据库的工具。单击"Transform"将产生一个如图 B-16 所示的窗口。

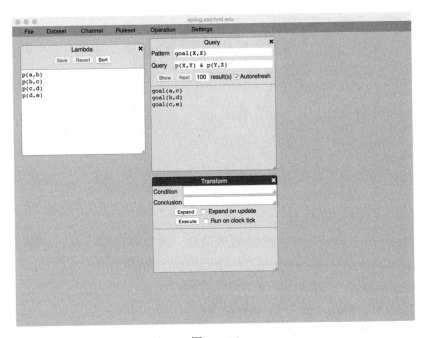

图　B-16

此时，我们可以在数据库上执行转换。要指定转换，请在"Condition"字段中输入一个模式，在"Conclusion"字段中输入一个模式，如图 B-17 所示。

在执行转换时，Sierra 查找满足指定条件的所有变量绑定，并对每个变量绑定，根据与其对应的结论实例修改数据库。此时，我们要求 Sierra 查找形如 p(X,Y) 的所有事实，并且我们希望删除这些事实，并用形如 p(Y,X) 的事实来替换它们。

点击按钮"Execute"，结果如图 B-18 所示。注意 Lambda 中的事实也进行了更改。另请注意，"Query"窗口也相应地做了更新。

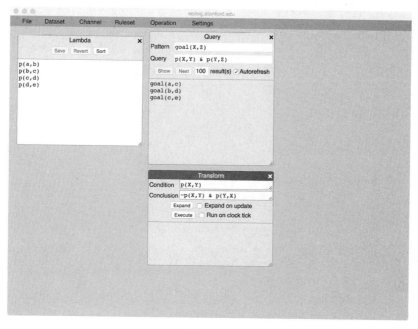

图   B-17

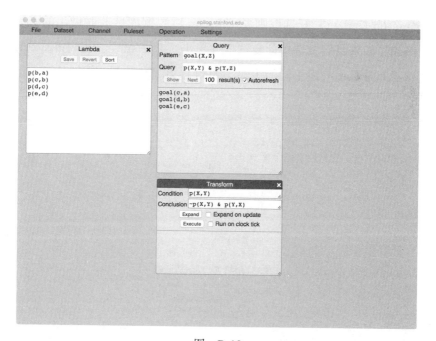

图   B-18

"Expand"按钮要求 Sierra 显示在当前状态下执行转换时将要执行的"添加"和"删除"操作。它在调试中非常有用，以便在调试之前先查看所做的更改，如图 B-19 所示。

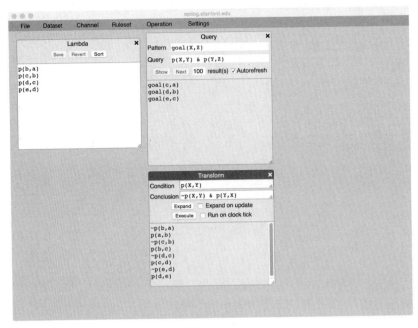

图   B-19

　　"Expand on Update"复选框则要求 Sierra 对数据库更改时做出的必要更改进行刷新。例如，如果我们要选中此复选框并单击"Execute"，我们将看到数据库切换回其原始状态并显示一组不同的更改，如图 B-20 所示。

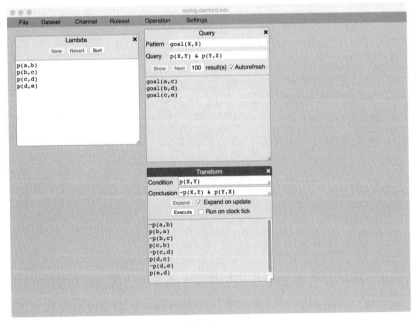

图   B-20

最后，标记为"Run on Clock Tick"的复选框允许我们在时钟计时后安排转换规则运行。此时，它将导致事实参数在数据集来回顺序振荡。这种情况不太有趣，但在模拟动态系统时，按时钟计时进行更新是很有用的。

B.6　视图定义

逻辑编程中的视图是有效命名的查询，这样做的重要好处是具有组合性。一旦我们为视图取了一个名字，就可以使用该视图名来定义其他视图。此外，我们可以在定义视图本身时（即定义递归视图时）使用该名称，并可通过向规则集中添加规则来定义视图。在 Sierra 中，可通过"Ruleset"菜单访问规则集。

单击"Ruleset"菜单，我们只会看到唯一的选项——Library，这是默认规则集。（在 Sierra 的高级版中，可以管理多个规则集，但在基础版中未启用此功能。）

首先，单击"Library"，打开一个窗口，它是一个名为 Library 的规则集的内容。与 Lambda 数据集一样，它最初是空的，如图 B-21 所示。

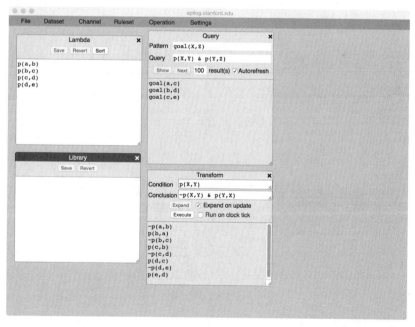

图　B-21

由于这是一个规则窗口，因此我们可在窗口键入规则。例如，在这里，我们根据父关系 p 定义了祖父关系 anc，如图 B-22 所示。

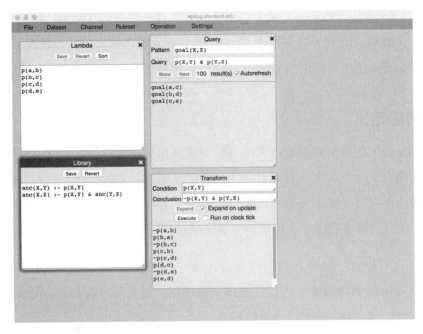

图　B-22

与 Lambda 一样，我们需要单击"Save"按钮，以便将我们的定义记录于规则集，如图 B-23 所示。

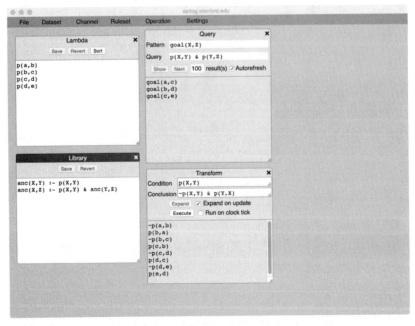

图　B-23

一旦定义了视图，我们就可以在查询和转换中使用它，例如，可以打开另一个查询窗口并使用 anc 编写查询。"Compute"是一个用于此目的的简化工具，它位于菜单"Operation"下面。在这里，我们单击菜单"Operation"，点击"Compute"按钮，打开一个空的"Compute"窗口，如图 B-24 所示。

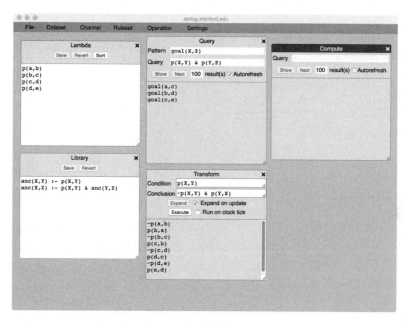

图　B-24

如果我们在查询字段中键入 anc(b,Y) 并按下"Show"按钮，我们将获得一列事实，这些事实的第一个参数均为 b，如图 B-25 所示。

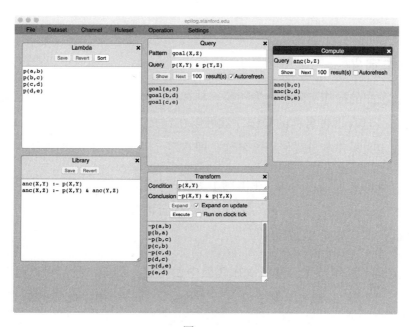

图　B-25

与查询一样，如果我们选中"Autorefresh"框，Sierra 将在进行更改时自动刷新数据。例如，如果我们要向 Lambda 添加其他事实，则回答集将被更新，如图 B-26 所示。（请注意，Query 窗口和 Transform 窗口也已更新。）

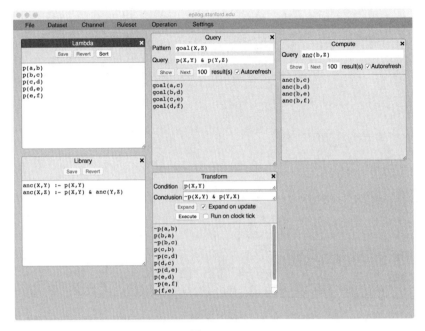

图   B-26

与查询一样，可以请求系统输出指定数量的答案，并单击"Next"按钮逐一浏览它们。

B.7 操作定义

逻辑编程中的操作实际上称为转换。与视图一样，这种方法的一个重要好处是能够组合。一旦有了带名称的操作，就可以在定义其他操作时使用该名称。此外，我们可以在定义操作本身时使用该名称，即在定义"递归操作"时使用。

通过将规则添加到规则集（在本例中为库）来定义操作。例如，在这里，我们定义了操作 purge。执行 purge(X) 时，Sierra 会消除 p 的所有孩子，所有孩子的孩子，依此类推，如图 B-27 所示。

一旦定义了操作，我们就可以在转换中使用它。例如，我们可以打开另一个转换窗口，并写上 purge 作为结论。"Execute"是一个用于此目的的简化工具。

在这里，我们单击了工具菜单"Operation"，选择"Execute"，打开了一个空的"Execute"窗口，如图 B-28 所示。

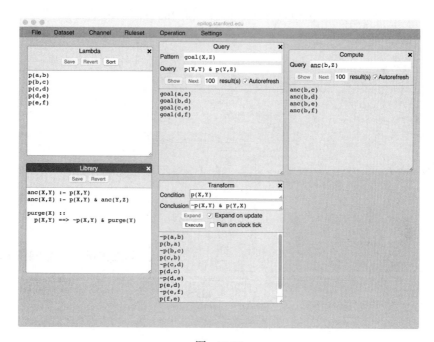

图 B-27

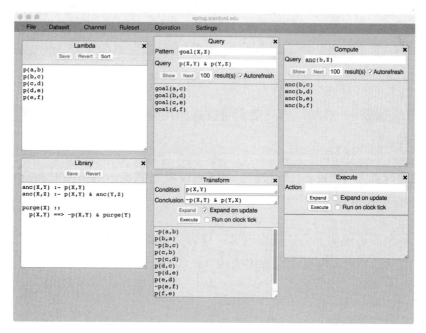

图 B-28

如果我们在查询字段中输入 purge(c) 并点击"Expand"按钮，将看到一个列表，其中列出了在执行 purge(c) 时将被删除的所有事实。注意，如果点击"Execute"按钮，这些事实将在单个步骤中被删除，即操作执行是一个"原子"动作，如图 B-29 所示。

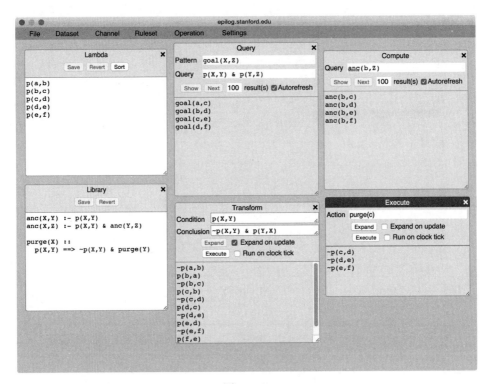

图　B-29

与"Transform"工具一样，我们可以选择在更新时进行扩展，也可以选择在时钟计时时运行。

如果此时点击"Execute"按钮，则 Sierra 将删除显示的事实并相应地更新所有窗口，如图 B-30 所示。

虽然本例没有说明，但"操作定义"作为交互式用户界面（例如基于浏览器的工作表）的事件处理程序是非常有用的。

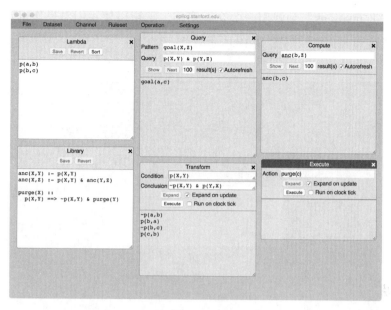

图 B-30

B.8 设置

通过"Settings"菜单可控制 Sierra 的推理引擎。

单击"Queries"会弹出一个交互窗格，该窗格允许我们在系统终止查询之前，指定对单个查询执行的推理步骤的数量，如图 B-31 所示。

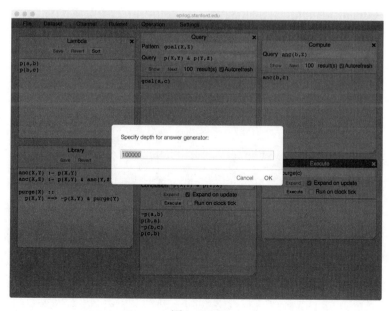

图 B-31

单击"Transitions"会弹出一个交互窗格，该窗格使我们对操作定义进行扩展时，可以指定递归深度，如图 B-32 所示。

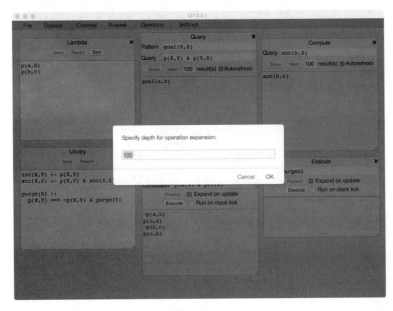

图   B-32

单击"Timer"会弹出一个窗口，允许我们设置计时器的运行时间。这将在"Transform and Execution"窗口中运行操作，在该窗口中，我们已在"Clock Tick"上选中"Run"，如图 B-33 所示。

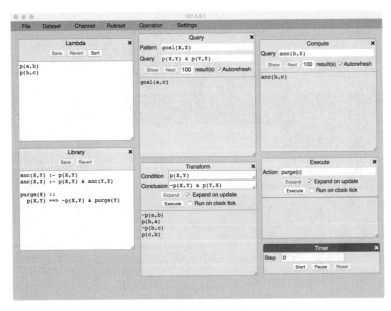

图   B-33

B.9 文件管理

通过"File"菜单上的"Load"选项，我们可以从本地文件系统读取数据集和规则集，并将它们加载到库、Lambda 或命名数据集中。使用"Save"选项，我们可以将任何窗口中的数据写入本地文件系统。

使用"Save Configuration"选项，我们可以将 Sierra 的完整状态保存到本地文件系统，包括数据、规则、设置、打开的窗口等。"Load configuration"选项允许我们加载以前保存的配置文件，这些操作对于开发逻辑编程的应用程序非常有用。比如，我们可以停止工作，然后在另一天从停下来的地方继续前进。我们可以通过与其他人共享配置文件来交换演示。

B.10 结论

除了此处描述的功能外，Sierra 还提供了用于操纵通信通道的工具，这些工具允许 Sierra 与外部数据源之间的信息进行流动，并允许在同一台机器或其他机器上运行的 Sierra 的不同版本之间进行协作。由于这些细节非常复杂，因此在这个简单的介绍中我们跳过了这些功能的细节。

最后，值得注意的是，Sierra 有一个扩展，称为 Halle，旨在用于开发基于 Web 的交互式工作表。除了此处描述的功能外，Halle 还提供了许多工具以"所见即所得"的方式布置这些工作表，将这些工作表作为单独的窗口显示在一个类似于 Sierra 的网页中，并与这些工作表进行交互，同时允许作者以类似 Sierra 的方式查看和编辑底层数据和规则。

请将你的意见和建议发送至 genesereth@stanford.edu。

参 考 文 献

[1] C. Baral and M. Gelfond, Logic programming and knowledge representation, *Journal of Logic Programming*, pp. 19–20 and pp. 73–148, 1994. DOI: 10.1016/0743-1066(94)90025-6.

[2] A. J. Bonner and M. Kifer, Transaction logic programming, *Proc. of the 10th International Conference on Logic Programming*, Budapest, Hungary, 1993.

[3] V. K. Chaudhri, S. J. Heymans, M. Wessel, and S. C. Tran, Object-oriented knowledge bases in logic programming, *Technical Communication of International Conference in Logic Programming*, 2013.

[4] K. L. Clark and S.-A. Tarnlund, *Logic Programming*, Academic Press, 1982.

[5] W. F. Clocksin and C. S. Mellish, *Programming in Prolog*, Springer-Verlag, 1984. DOI: 10.1007/978-3-642-97596-7.

[6] C. J. Date, *WHAT Not HOW—The Business Rules Approach to Application Development*, Addison-Wesley, 2000.

[7] R. Dechter and D. Cohen, *Constraint Processing*, Morgan Kaufmann, 2003. DOI: 10.1016/B978-1-55860-890-0.X5000-2.

[8] D. DeGrout and G. Lindstrom (Eds.), *Logic Programming: Functions, Relations, and Equations*, Prentice Hall, 1986.

[9] M. Gelfond and Y. Kahl, *Knowledge Representation, Reasoning, and the Design of Intelligent Agents: The Answer-Set Programming Approach*, 1st ed., Cambridge University Press, March 10, 2014. DOI: 10.1017/cbo9781139342124.

[10] M. R. Genesereth and M. L. Ginsberg, Logic programming, *CACM*, 28(9):933–941, 1985. http://dl.acm.org/citation.cfm?id=4287 DOI: 10.1145/4284.4287.

[11] M. R. Genesereth and A. Mohaptra, A practical algorithm for reformulation of deductive databases, *SAC*, Limassol, Cyprus, 2019.

[12] C. Hewitt, Planner: A language for proving theorems in robots, *IJCAI*, 1969.

[13] P. Hayes, Computation and deduction, in *Proc. of the 2nd MFCS Symposium*, pp. 105–118, Czechoslovak Academy of Sciences, 1973.

[14] R. Kowalski, Predicate logic as a programming language, in *Proc. IFIP Congress*, pp. 569–574, Stockholm, North Holland, 1974.

[15] R. Kowalski, Algorithm = logic + control. *CACM*, 22(7):424–436, 1979. DOI: 10.1145/359131.359136.

[16] R. Kowalski, *Logic for Problem Solving*, North-Holland, 1979. DOI: 10.1145/1005937.

1005947.

[17] R. Kowalski, The early years of logic programming, *CACM*, 31:38–43, 1987. DOI: 10.1145/35043.35046.

[18] R. Kowalski and F. Sadri, Programming in logic without logic programming, *TPLP*, 16:269–295, 2016. `http://www.doc.ic.ac.uk/rak/papers/KELPS` DOI: 10.1017/s1471068416000041.

[19] V. Lifschitz, *Answer Set Programming*, 1st ed., Springer-Verlag, October 3rd, 2019. DOI: 10.1007/978-3-030-24658-7.

[20] J. W. Lloyd, *Foundations of Logic Programming*, Springer-Verlag, 1988. DOI: 10.1007/978-3-642-83189-8.

[21] S. H. Muggleton, *Latest Advances in Inductive Logic Programming*, Imperial College Press, 2015. DOI: 10.1142/p954.

[22] M.-L. Mugnier and M. Thomazo, An introduction to ontology-based query answering with existential rules, *Proc. of Reasoning Web: Reasoning on the Web in the Big Data Era*, 10th International Summer School, Athens, Greece, September 8–13, 2014. DOI: 10.1007/978-3-319-10587-1_6.

[23] F. Rossi, P. Van Beek, and T. Walsh (Eds.), *Handbook of Constraint Programming*, Elsevier, 2006.

[24] L. Tekle, Subsumptive tabling beats magic sets, *SIGMOD*, 2011. `http://logicprogramming.stanford.edu/readings/tekle.pdf`

[25] J. McCarthy, Programs with common sense, *Symposium on Mechanization of Thought Processes*, National Physical Laboratory, Teddington, England, 1958. `http://www-formal.stanford.edu/jmc/mcc59.ps`

[26] J. McCarthy, Generality in artificial intelligence, *CACM*, December 1987. DOI: 10.1145/1283920.1283926.

[27] J. Minker, On indefinite databases and the closed world assumption, in *International Conference on Automated Deduction*, pp. 292–308, Springer, Berlin, Heidelberg, 1982. DOI: 10.1007/bfb0000066.

[28] S. J. Russell and P. Norvig, *Artificial Intelligence: A Modern Approach*, Pearson Education Limited, 2016.

[29] M. J. Sergot, F. Sadri, R. Kowalski, F. Kriwaczek, P. Hammond, and H. T. Cory, The British Nationality Act as a logic program, *CACM*, 29(5):370–386, 1986. `http://complaw.stanford.edu/complaw/readings/british_nationality.pdf` DOI: 10.1145/5689.5920.

[30] J. D. Ullman, Bottom-up beats top-down for Datalog, *PODS*, 1989. `http://logicprogramming.stanford.edu/readings/ullman.pdf` DOI: 10.1145/73721.73736.

[31] J. D. Ullman, *Principles of Database and Knowledge-Base Systems—Volume II: The New Technologies*, Computer Science Press, 1989.

推荐阅读

智能计算系统

作者: 陈云霁 李玲 李威 郭崎 杜子东 编著　ISBN: 978-7-111-64623-5　定价: 79.00元

全面贯穿人工智能整个软硬件技术栈
以应用驱动，形成智能领域的系统思维
前沿研究与产业实践结合，快速提升智能计算系统能力

培养具有系统思维的人工智能人才必须要有好的教材。在中国乃至国际上，对当代人工智能计算系统进行全局、系统介绍的教材十分稀少。因此，这本《智能计算系统》教材就显得尤为及时和重要。
——陈国良　中国科学院院士，原中国科大计算机系主任，首届全国高校教学名师

懂不懂系统知识带来的工作成效差别巨大。这本教材以"图像风格迁移"这一具体的智能应用为牵引，对智能计算系统的软硬件技术栈各层的奥妙和相互联系进行精确、扼要的介绍，使学生对系统全貌有一个深刻印象。
——李国杰　中国工程院院士，中科院大学计算机学院院长，中国计算机学会名誉理事长

中科院计算所的学科优势是计算机系统与算法。本书作者在智能方向打通了系统与算法，再将这些科研优势辐射到教学，写出了这本代表了计算所学派特色的教材。读者从中不仅可以学到知识，也能一窥计算所做学问的方法。
——孙凝晖　中国工程院院士，中科院计算所所长，国家智能计算机研发中心主任

作为北京智源研究院智能体系结构方向首席科学家，陈云霁领衔编写的这本教材，深入浅出地介绍了当代智能计算系统软硬件技术栈，其系统性、全面性在国内外都非常难得，值得每位人工智能方向的同学阅读。
——张宏江　ACM/IEEE会士，北京智源人工智能研究院理事长，源码资本合伙人

本书对人工智能软硬件技术栈（包括智能算法、智能编程框架、智能芯片结构、智能编程语言等）进行了全方位、系统性的介绍，非常适合培养学生的系统思维。到目前为止，国内外少有同类书。
——郑纬民　中国工程院院士，清华大学计算机系教授，原中国计算机学会理事长

本书覆盖了神经网络基础算法、深度学习编程框架、芯片体系结构等，是国内第一本关于深度学习计算系统的书籍。主要作者是寒武纪深度学习处理器基础研究的开拓者，基于一流科研水平成书，值得期待。
——周志华　AAAI/AAAS/ACM/IEEE会士，南京大学人工智能学院院长，南京大学计算机系主任